中等职业教育课程改革国家规划新教材
全国中等职业教育教材审定委员会审定

U0116230

计算机应用基础
综合技能训练

JISUANJI YINGYONG JICHU

ZONGHE JINENG XUNLIAN

武马群 主编

人民邮电出版社

北 京

图书在版编目（CIP）数据

计算机应用基础综合技能训练／武马群主编. —北京：
人民邮电出版社，2009.6
中等职业教育课程改革国家规划新教材
ISBN 978-7-115-19901-0

Ⅰ. 计… Ⅱ.武… Ⅲ. 电子计算机－专业学校－教材
Ⅳ. TP3

中国版本图书馆CIP数据核字（2009）第066577号

内 容 提 要

  本书根据教育部 2009 年颁布的《中等职业学校计算机应用基础教学大纲》的"职业模块"要求编写。全书共分 9 个部分，包括文字录入、个人计算机组装、办公室（家庭）网络组建、宣传手册制作、统计报表制作、电子相册制作、DV 制作、产品介绍演示文稿制作、个人网络空间构建等内容。本书是《计算机应用基础》教材的配套用书，通过书中提供的综合应用实例，结合学生所学专业内容开展计算机应用实训，可进一步提高学生的计算机综合应用技能。

  本书可作为中等职业学校"计算机应用基础"课程的职业技能训练教材，也可作为其他学习计算机应用知识的人员的参考书。

中等职业教育课程改革国家规划新教材

计算机应用基础综合技能训练

- ◆ 主　编　武马群
  责任编辑　张孟玮
  执行编辑　王亚娜

- ◆ 人民邮电出版社出版发行　　北京市崇文区夕照寺街 14 号
  邮编　100061　电子函件　315@ptpress.com.cn
  网址　http://www.ptpress.com.cn
  北京昌平百善印刷厂印刷

- ◆ 开本：787×1092　1/16
  印张：14.5　　　　　　　　2009 年 6 月第 1 版
  字数：365 千字　　　　　　2009 年 6 月北京第 1 次印刷

  ISBN 978-7-115-19901-0/TP

定价：15.00 元

读者服务热线：**(010)67170985**　印装质量热线：**(010)67129223**
反盗版热线：**(010)67171154**

中等职业教育课程改革国家规划新教材
出 版 说 明

　　为贯彻《国务院关于大力发展职业教育的决定》（国发〔2005〕35 号）精神，落实《教育部关于进一步深化中等职业教育教学改革的若干意见》（教职成〔2008〕8 号）关于"加强中等职业教育教材建设，保证教学资源基本质量"的要求，确保新一轮中等职业教育教学改革顺利进行，全面提高教育教学质量，保证高质量教材进课堂，教育部对中等职业学校德育课、文化基础课等必修课程和部分大类专业基础课教材进行了统一规划并组织编写，从 2009 年秋季学期起，国家规划新教材将陆续提供给全国中等职业学校选用。

　　国家规划新教材是根据教育部最新发布的德育课程、文化基础课程和部分大类专业基础课程的教学大纲编写，并经全国中等职业教育教材审定委员会审定通过的。新教材紧紧围绕中等职业教育的培养目标，遵循职业教育教学规律，从满足经济社会发展对高素质劳动者和技能型人才的需要出发，在课程结构、教学内容、教学方法等方面进行了新的探索与改革创新，对于提高新时期中等职业学校学生的思想道德水平、科学文化素养和职业能力，促进中等职业教育深化教学改革，提高教育教学质量将起到积极的推动作用。

　　希望各地、各中等职业学校积极推广和选用国家规划新教材，并在使用过程中，注意总结经验，及时提出修改意见和建议，使之不断完善和提高。

教育部职业教育与成人教育司

2009 年 5 月

前　言

　　"计算机应用基础"课程是学生必修的一门公共基础课。该课程在中等职业学校人才培养计划中与语文、数学、外语等课程具有同等重要的地位，具有文化基础课的性质。

　　当今社会，以计算机技术为主要标志的信息技术已经渗透到人类生活、工作的各个方面，各种生产工具的信息化、智能化水平越来越高。在这样的社会背景下，对于计算机的了解程度和对信息技术的掌握水平成为一个人基本能力和素质的反映。因此，作为以就业为主要目标培养高素质劳动者的中等职业学校，必须高质量地完成计算机应用基础课程的教学，每一个学生必须认真学好这门课程。

　　根据教育部 2009 年颁布的《中等职业学校计算机应用基础教学大纲》的要求，"计算机应用基础"课程的任务是：使学生掌握必备的计算机应用基础知识和基本技能，培养学生应用计算机解决工作与生活中实际问题的能力，初步具有应用计算机学习的能力，为其职业生涯发展和终身学习奠定基础；提升学生的信息素养，使学生了解并遵守相关法律法规、信息道德及信息安全准则，培养学生成为信息社会的合格公民。

　　计算机应用基础课程的教学目标如下：

　　•　使学生了解、掌握计算机应用基础知识，提高学生计算机基本操作、办公应用、网络应用、多媒体技术应用等方面的技能，使学生初步具有利用计算机解决学习、工作、生活中常见问题的能力；

　　•　使学生能够根据职业需求运用计算机，体验利用计算机技术获取信息、处理信息、分析信息、发布信息的过程，逐渐养成独立思考、主动探究的学习方法，培养严谨的科学态度和团队协作意识；

　　•　使学生树立知识产权意识，了解并能够遵守社会公共道德规范和相关法律法规，自觉抵制不良信息，依法进行信息技术活动。

　　根据上述计算机应用基础课程的任务和教学目标要求，本教材编写遵循以下基本原则。

1．打基础、重实践

　　计算机学科的实践性和应用性都很强，除了掌握计算机的原理和有关应用知识外，对计算机的操作能力是开展计算机应用最重要的条件。中等职业教育培养生产、技术、管理和服务第一线的高素质劳动者，其特点主要体现在实际操作能力上。为突出对学生实际操作能力和应用能力的训练与培养，本套教材由《计算机应用基础》和《计算机应用基础综合技能训练》两本书构成。在教学安排上，实际操作与应用训练应占总学时的 75%，通过课堂训练与课余强化使学生的操作

能力达到：英文录入120字符/分、中文录入60字/分，能够熟练使用 Windows 操作系统，熟练使用文字处理软件、表格处理软件，熟练利用 Internet 进行网上信息搜索与信息处理等。

《计算机应用基础综合技能训练》一书的内容包括：文字录入、个人计算机组装、办公室（家庭）网络组建、宣传手册制作、统计报表制作、电子相册制作、DV 制作、产品介绍演示文稿制作、个人网络空间构建等。

2. 零起点、考证书

中职教育的对象是初中毕业或相当于初中毕业的学生，在我国普及九年义务教育的情况下，中职教育也就是面向大众的职业教育。作为一门技术含量比较高的文化基础课，"计算机应用基础"课程要适应各种水平和素质的学生，就要从"零"开始讲授，即"零起点"。从零开始，以三年制中职教学计划为依据，兼顾四年制教学的需要，按照教育部颁布的大纲要求实施教学。在重点使学生掌握计算机应用基本知识和基本技能的基础上，为学生取得计算机应用技能证书和职业资格证书做好准备。本教材吸收了国际著名 IT 厂商微软公司近年来的先进技术及教育资源，学生通过学习可以掌握先进的 IT 技术，可以选择参加微软相关认证考试。

3. 任务驱动，促进以学生为中心的课程教学改革

为了适应当前中等职业教育教学改革的要求，本教材编写吸收了新的职教理念，以任务牵引教材内容的安排，形成"提出任务——完成任务——巩固掌握相关技能——拓展训练"这样的教材编写逻辑体系，从而适应任务驱动的、"教学做一体化"的课堂教学组织。

2009 年教育部颁布的《中等职业学校计算机应用基础教学大纲》，将课程内容分为两个部分，即基础模块（含拓展部分）和职业模块。《计算机应用基础综合技能训练》对应大纲的职业模块，依据项目教学的指导思想，以提高学生实践能力和综合应用能力为目标组织教材内容和开展教学。

在"计算机应用基础"课程职业模块的教学过程中，要充分考虑中职学生的知识基础和学习特点，在教学形式上更贴近中职学生的年龄特征，避免枯燥难懂的理论讲述。教学中要尽量"做中学、学中做"，提倡教师做"启发者"与"咨询者"，提倡采用过程考核模式，培养学生的自主学习能力，调动学生学习的积极性。使教学内容与职业应用相关联，同时努力培养学生的信息素养与职业素质。

《计算机应用基础综合技能训练》教材各部分的推荐学时如下：

序 号	课程内容	教 学 时 数	
		讲授与上机实习	说 明
1	文字录入	10	
2	个人计算机组装	12	
3	办公室（家庭）网络组建	10	
4	宣传手册制作	12	
5	统计报表制作	12	建议在多媒体机房组织教学，使课程内容讲授与上机实习合二为一
6	电子相册制作	8	
7	DV制作	10	
8	产品介绍演示文稿制作	12	
9	个人网络空间构建	12	

　　"计算机应用基础综合技能训练"的推荐授课学时为 32 ～ 36 学时。在实施综合技能训练教学时，选择教材中与学生所学专业联系最紧密的 2 ～ 3 个典型应用案例进行教学，有针对性地提高学生在本专业领域中计算机的综合应用能力。

　　本书由武马群担任主编，参编人员：综合技能训练一由北京信息职业技术学院孙振业编写，综合技能训练二、八由北京市计算机工业学校王燕伟编写，综合技能训练三、九由大连计算机职业中专学校韩新洲编写，综合技能训练四由北京市朝阳区职教中心谢宝荣编写，综合技能训练五由北京教育科学研究院职成教研中心马开颜编写，综合技能训练六、七由大连计算机职业中专学校王健编写。王慧玲、王英、齐银军、刘泽瑞、谢四正、罗美珍、姜百涛、胡桂君等参加了资料整理工作。

　　由于编写时间紧迫，加之编者水平有限，书中难免存在不足之处，敬请读者指正。

编　者

2009 年 4 月

目　　录

综合技能训练五 **统计报表制作**…………………………… 98

综合技能训练一

文字录入

文字录入主要包括英文录入和汉字录入。文字录入重要的是掌握键盘指法以及在正确的指法和录入方法的基础上提高录入速度。

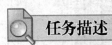 任务描述

文秘、编辑等职业对文字录入速度的要求比较高。掌握正确的文字录入方法，具有快速的文字录入速度，可以提高对计算机操作的效率。

 技能目标

· 熟练掌握键盘录入的指法、英文录入的方法、汉字五笔字型录入方法。
· 录入速度达到教育部要求，即英文录入速度达到 120 个字符 / 分钟，中文录入速度达到 60 字 / 分钟，综合录入速度达到 20 分钟 1 000 字。

 环境要求

· 硬件：个人计算机。
· 软件：Windows 操作系统，汉字五笔字型输入法（86 版），元码输入法。

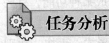 任务分析

文字录入训练分为键盘操作、英文录入、汉字五笔字型编码方法与录入。

任务一　键盘操作与字母数字的录入

计算机操作，首先要了解计算机键盘的布局，在熟悉了键盘布局后，应掌握使用键盘时的左右手分工合作、正确的击键方法和良好的操作习惯。通过大量的练习，熟练地使用键盘进行计算机应用操作。

图1-1　101/102键盘

1. 熟悉键盘的布局

目前，个人计算机使用的多为标准101/102键盘（见图1-1）或增强型键盘。增强型键盘只是在标准101键盘的基础上增加了某些特殊功能键。键盘的布局如图1-2所示。

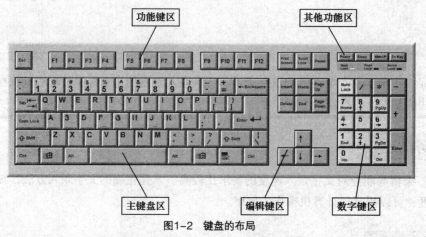

图1-2　键盘的布局

（1）主键盘区。键盘最左侧的键位框中的部分称为主键盘区（不包括键盘的最上一排），主键盘区的键位包括字母键、数字键、特殊符号键和功能键，主键盘区的使用频率非常高。

① 字母键：包括26个英文字母键，分布在主键盘区的第二、三、四排。这些键标识着大写英文字母，通过转换可以表示大小写两种状态，控制输入大写或小写英文字符。开机时默认状态是小写英文字符。

② 数字键：包括0～9共10个键位，位于主键盘区的最上面一排。数字键均是双字符键，由换挡键Shift控制切换，上挡是常用符号，下挡是数字。

③ 特殊符号键：分布在21个键位，共有32个特殊符号。特殊符号键均标有两个符号，由换挡键Shift控制切换。

④ 主键盘功能键：主键盘区内的功能键共有11个。其中，有些键单独完成某种功能，有些键需要与其他键配合，即组成组合键，以完成某种功能。

Caps Lock：大小写锁定键，属于开关键。按下一次可将字母锁定为大写形式，再按一次则锁定为小写形式。

Shift：换挡键，一般与其他键联合使用。按下并保持，再按下其他键，则输入上挡符号；不按此键则输入下挡符号。

Enter：回车键，又称为确定键。按下回车键，键入的命令才被接受和执行。在字处理软件

中，回车键起换行的作用；在表处理软件中，回车键起确认作用。

　　Ctrl：控制键。一般与其他键联合使用，起某种控制作用。例如，按 Ctrl+C 组合键，用于复制当前选中的内容。

　　Alt：转换键。一般与其他键联合使用，起某种转换或控制作用。例如，按 Alt+F4 组合键，用于关闭当前应用程序的窗口。

　　Tab：制表定位键。在字表处理软件中的功能是将光标移动到预定的下一个位置。

　　Backspace：退格键。每按下一次，将删除光标位置左边的一个字符，并使光标左移一个字符位置。

　　（2）功能键区。功能键区位于键盘的最上一排，共有 16 个键位，其中 F1 ～ F12 称为自定义功能键。在不同的软件里，每个自定义功能键都赋予不同的功能。

　　Esc：退出键。通常用于取消当前的操作，退出当前程序或退回到上一级菜单。

　　Print Screen：屏幕打印键。单独使用或与 Shift 键联合使用，将屏幕上显示的内容输出到打印机上。

　　Scroll Lock：屏幕暂停键。一般用于将滚动的屏幕显示暂停，也可以在应用程序中定义其他功能。

　　Pause Break：中断键。此键与 Ctrl 键联合使用，可以中断程序的运行。

　　（3）编辑键区。编辑键位于主键盘区与小键盘区中间的上部。

　　Insert：插入 / 改写，属于开关键。用于在编辑状态下将当前编辑状态变为插入方式或改写方式。

　　Delete：删除键。每按下一次，将删除光标位置右边的一个字符，右边的字符依次左移到光标位置。

　　Home：在一些应用程序的编辑状态下按下该键可将光标定位于第一行第一列的位置。

　　End：在一些应用程序的编辑状态下按下该键可将光标定位于最后一行的最后一列。

　　Page Up：向上翻页键。按下一次，可以使整个屏幕向上翻一页。

　　Page Down：向下翻页键。按下一次，可以使整个屏幕向下翻一页。

　　（4）小键盘区（数字键区）。键盘最右边的一组键位称为小键盘区，各键的功能均能从其他键位获得。录入或编辑数字时，利用小键盘可以提高输入速度。

　　Num Lock：数字锁定键。按下该键，Num Lock 指示灯亮，按下小键盘区的数字键则输出上挡符号，即数字及小数点；再次按下该键，Num Lock 指示灯熄灭，再按下小键盘区的数字键则执行各键位下挡符号所标识的功能。

　　（5）方向键区。方向键区位于编辑键区的下方，一共有 4 个键位，分别是上、下、左、右移动键。按下一次方向键，可以使光标沿某一方向移动一个坐标格。

2. 了解打字姿势与要求

　　打字时，座椅的高低与打字工作台的高低要合适；操作人员的腰杆要保持挺直，两脚自然平放，不可弯腰驼背，如左图所示；两肘轻轻贴于腋边，手指自然弯曲地轻放在键盘上，指尖与键面垂直，如右图所示；手腕平直，左右手的拇指轻放在空格键上。

　　打字姿势归纳为"直腰、弓手、立指、弹键"。

　　打字之前，手指甲必须修平。

击键时，主要是指关节用力，而非腕力；击键要果断迅速、均匀而有节奏。

打字时，要精神集中，眼睛看原稿，而不能看键盘，如图1-3所示。否则，交替看键盘和稿件会使人疲劳，容易出错，打字速度也会减慢。

 提示　在保证准确与正确的前提下，再提高打字速度。切忌盲目追求速度。

图1-3　打字姿势

3.掌握英文与数字录入方法

熟练掌握键盘基本键位的指法是学好打字的基础。通过大量的训练，才能达到熟练地使用正确指法进行键盘操作的目的。

（1）基本键位的指法。基本键位的指法如图1-4、图1-5和图1-6所示。

图1-4　指法图1

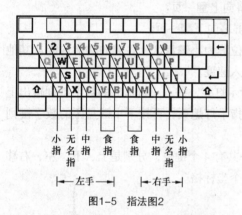

图1-5　指法图2

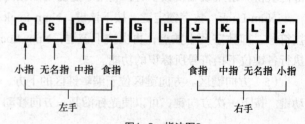

图1-6　指法图3

基本键位是键盘中排的8个键位：A、S、D、F、J、K、L、";"，如图1-6所示。左、右手的拇指应侧放在空格键上（见图1-4）。

基本键位是手指击键的根据地。击键时，手指要从基本键位出发，手抬起，只有击键的手指才能伸出击键。击键完毕后，立即缩回到基本键位。当左手击键时，右手保持基本键位的指法不变；当右手击键时，左手保持基本键位的指法不变。

 提示
（1）当一个手指击键时，其余三指翘起。
（2）不允许长时间地停留在已敲击过的键位上。
（3）击键时不可用力过大。

（2）指法训练中应注意如下问题。

① 在指法训练中，正确的指法、准确地击键是提高输入速度和正确率的基础。在保证准确的前提下，速度要求为：初学者为"80 个字符 / 分钟"，"120 个字符 / 分钟"为及格，"200 个字符 / 分钟"为良好，"250 个字符 / 分钟"为优秀。

② 在打字操作中，要始终保持不击键的一只手在基本键位上成弓形，指尖与键面垂直或稍向掌心弯曲。

③ 打字时，眼睛要始终盯着原稿或屏幕，绝对禁止看键盘的键位。

④ 坚持使用左、右手拇指轮流敲击空格键，否则，若只用一只手，会影响击键速度。

指法训练是一个艰苦的过程，要循序渐进，不能急于求成。要严格按照指法的要领去练习，使手指逐渐灵活"听话"，随着练习的深入，手指的敏感程度和击键速度会不断提高。

文字录入的基本要求一是准确，二是快速。

课堂练习一　反复练习左右手的配合

要点：手指灵活准确，用力均匀，击键有节奏和连贯性，左、右手拇指轮流敲击空格键，两手始终保持在基本键位上。下面文字至少反复练习 20 次。

ffjdk l;sa skdl la;s lfsj ka;d s;fk jalf fghj jfut fjvn htnv gybm jbur umby tnuv 7b5n 4m6v dkei kdie ce;i ;ice eic; jckd fiej diet 3838 8383 sowl lwos s.xl lx.s 2lso 9sl2 w.xo 9x.2 sox. 9w.x apq; palq qpal pqla zps/ lqpz lkd0 0a;l a0zp 0zpl jhsaux fiwlty pbnqke zpfmxk ehxupa qxrvpm pcmtaq 1989rh eglis study

课堂练习二　按规定时间完成下列英文字母和数字的输入

（1）1min 内完成输入下列内容（共 155 个字符）。

When the currency of a country changes in value, a great many problems arise.

A well-written letter is one that uses language that can be understood easily.

（2）3min 内完成输入下列内容（498 个字符）。

The boy looked out at the surf. It was perfect. Father out the ocean was calm, but bulging with a ground swell which, as it neared the shore, was broken into huge combers. They started as ragged lines, swelled and surged, rising, rising, rising, until it seemed that the whole sea was rising behind them and would sweep over the entire sandpit. Just at that moment, with a brilliance that made him gasp, the waves broke into an explosion of white, followed by the deep resounding sound of the tide.

任务二　熟记五笔字型输入法的字根表

五笔字型输入法是利用汉字偏旁部首的特点，依据笔画和字形特征对汉字进行编码，是典型的形码输入法。五笔字型输入法主要用于简体中文。所谓五笔,是将汉字笔画分为横、竖、撇、捺(同点)、折(同提)5种,并把字根或码元按一定规律分布在25个字母键上(不包括 Z 键)。

学习"五笔字型"编码的关键是熟记字根表,对25个键位的字根记忆的熟悉程度直接影响录入速度,而熟记字根表的关键是多做汉字的拆分编码练习。

1. 理解汉字的结构

一个方块汉字是由较小的块拼合而成的。这些"小方块"如日、月、金、木、人、口等,就是构成汉字的最基本单位,这些"小方块"称做"字根",意思是汉字之本。"五笔字型"确定的字根有125种。

字根是由笔画构成的。物质的构成和汉字的构成十分相似:基本粒子(几种)—原子(100多种)—分子(成千上万种);基本笔画(5种)—字根(125种)—汉字(成千上万种)。

2. 理解汉字的分解

将汉字输入到计算机难在哪里?难在汉字的"多":字数多、笔画多,而计算机的输入设备——键盘,只有几十个字母键,不可能把汉字都摆上去,所以要将汉字分解之后,才能向计算机输入。

(1)分解汉字。分解汉字就是将汉字按照一定的规则分解为字根。例如,将"桂"字分解成"木、土、土","照"字分解为"日、刀、口、灬"等。

因为字根只有125种,这样,就将处理几万个汉字字词的问题转化为处理125种字根的问题,将输入一个汉字的问题转化为输入几个字根的问题,如同输入几个英文字母才能构成一个英文单词一样。

(2)分解过程。汉字的分解过程是构成汉字的一个逆过程。汉字的分解是按照一定的规则进行的,即整字分解为字根,字根分解为笔画。

3. 了解什么是字根

(1)汉字由字根构成。用字根可以像搭积木那样组合出全部的汉字和全部的词汇。

(2)选取字根的条件。

① 能组成很多字的字,如王土大木工、目日口田山等。

② 组成的字特别常用,如"白"字可组成"的"字;"西"字可组成"要"字等。

③ 绝大多数字根都是查字典时的偏旁部首,如人、口、手、金、木、水、火、土等。

相反,相当一些偏旁部首因为不太常用,或者可以拆成几个字根,则未被选为字根。例如:比、歹、风、气、欠、殳、斗、户、龙、业、鸟、穴、聿、皮、老、酉、豆、里、足、身、角、麦、食、革、骨、鬼、音、鱼、麻、鹿、鼻等。

(3)字根的数量。"五笔字型"的字根总数是125种,有的字根还包含几个"小兄弟",即"辅助字根"。

① 字源相同的字根:心、忄;水、氵等。

② 形态相近的字根:艹、卝、廾;已、己、巳等。

③ 便于联想的字根:耳、卩、阝等。

所有这些"小兄弟"都与主字根是"一家人"。作为辅助字根,同在一个键位上、使用同一个编码。

字根（包括辅助字根）的总数以及每一个字根的笔画数都是一定的，不能增加，也不能减少，它们构成了一个汉字的"基本"单位。

4. 掌握字根在键盘上的分区划位

（1）"五笔字型"字根键盘。"五笔字型"的基本字根（含5种单笔画）共有125种。将这125种字根按第1个笔画（首笔）的类别，各对应于英文字母键盘的一个区，共形成5个区。每个区又根据字根的第2个笔画（次笔），再划分为5个位，每区5个位，因此形成5×5 = 25个键位的一个字根键盘。字根键盘的位号从键盘中部起，向左右两端顺序排列，形成分区划位的"五笔字型"字根键盘，如图1-7和图1-8所示。

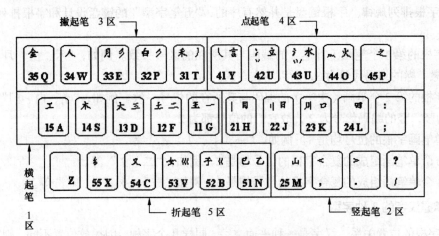

图1-7 "五笔字型"字根键盘分区划位图1

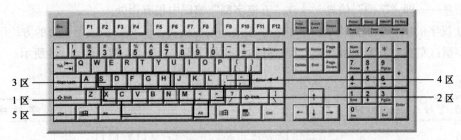

图1-8 "五笔字型"字根键盘分区划位图2

（2）"五笔字型"字根代码。"五笔字型"字根键盘的键位代码（即字根的编码），既可以用区位号（11～55）表示，也可以用对应的英文字母表示，如表1-1和表1-2所示。

表1-1　　　　　　　　　　　　　　区位号与英文字母对应表

键位：	Q～T	区号：3区	键位：	Y～P	区号：4区
区位号：	35～31	起笔：撇	区位号：	41～45	起笔：点
键位：	A～G	区号：1区	键位：	H～L	区号：2区
区位号：	15～11	起笔：横	区位号：	21～24	起笔：竖
键位：	X～N	区号：5区	键位：	M	
区位号：	55～51	起笔：折	区位号：	25	

表 1-2　　　　　　　　　　　　　　　　　字根与键位对应表

键位	35Q	34W	33E	32R	31T	41Y	42U	43I	44O	45P
字根	金	人	月	白	禾	言	立	水	火	之
键位	15A	14S	13D	12F	11G	21H	22J	23K	24L	
字根	工	木	大	土	王	目	日	口	田	
键位	Z	55X	54C	53V	52B	51N	25M			
字根	学习键	纟	又	女	子	已	山			

（3）字根排列规律。字根键盘是井然有序的，"五笔字型"的键盘设计和字根排列的规律性如下。

① 字根的第 1 个笔画（首笔）的编码与其所在的区号一致。例如，"禾、白、月、人、金"的首笔为撇，撇的编码代号为 3，所以均在 3 区。

② 字根的第 2 个笔画（次笔）的编码与其所在的位号一致。例如，"土、白、门"的第 2 笔（次笔）为竖，竖的编码代号为 2，故它们的位号都为 2。

③ 单笔画字根的位号均是 1。例如，"一、丨、丿、乙"等。

④ 2 个单笔画组成的复合字根的位号均是 2。例如，"二、丷"等。

⑤ 3 个单笔画组成的复合字根的位号均是 3。例如，"三、彡、氵、巛"等。

5. 掌握汉字的 3 种字型

（1）字根的位置关系。汉字是一种平面文字，同样几个字根，因摆放位置不同，则字型不同，形成不同的字，如"叭"与"只"，"吧"与"邑"等。可见，字根的位置关系也是汉字的一种重要特征信息——即"字型"信息，这在"五笔字型"编码中很有用处。

（2）汉字的字型。根据构成汉字的各字根之间的位置关系，可以把成千上万的方块汉字划分为 3 种字型：左右型、上下型和杂合型，并冠以代号 1 型、2 型、3 型，如表 1-3 所示。

表 1-3　　　　　　　　　　　　　　　　　汉字的 3 种字型

字型代号	字　型	举　例	图　示	字例特征
1	左右	汉　湘 结　封		字根之间有间距，一般为左右排列
2	上下	字　花 莫　华		字根之间有间距，一般为上下排列
3	杂合	困　冈　凶 匹　乘　这 庄　戎		字根之间虽有间距，但不分上下左右，浑然一体，不分块

表 1-4 所示为汉字末笔画与字形的交叉识别码，表 1-5 所示为部分实例。

表1-4 末笔画、字形交叉识别码

	左右 1 型	上下 2 型	杂合 3 型
横 1	11G	12F	13D
竖 2	21H	22J	23K
撇 3	31T	32R	33E
捺 4	41Y	42U	43I
折 5	51N	52B	53V

表1-5 举例

字	字 根	字根码	末笔代号	字 型	识别码	编 码
苗	艹田	AL	一1	2	12F	ALF
析	木斤	SR	丨2	1	21H	SRH
来	一火	GO	、4	3	43I	GOI
未	二小	FI	、4	3	43I	FII
里	日土	JF	一1	3	13D	JFD

6. 通过字根助记词，熟记五笔字型的键盘字根总表

（1）字根助记词口诀。为了使字根的记忆琅琅上口，每一区的字根都有一首"助记词"口诀，读者只需反复默写吟诵，即可牢牢记住。"助记词"口诀及说明如表1-6所示。

表1-6 字根助记词

区位码	助记词	说 明
11	王旁青头戋（兼）五一，	"青头"指"青"字的上半部分，即去掉"月"后的剩余部分；"戋"与"兼"同音
12	土士二干十寸雨。	
13	大犬三羊古石厂，	"羊"指去掉两点后的羊字底
14	木丁西，	
15	工戈草头右框七。	草头即"艹"、"廿"与"卄"，"右框"即"匚"，字根"戈"中还包括"弋"
21	目具上止卜虎皮，	"具"指去掉"八"后的剩余部分；"虎"指去掉"几"后的剩余部分"虍"；字根还包括"丨"
22	日早两竖与虫依。	"日"包括"曰"；"两竖"即"刂"
23	口与川，字根稀，	
24	田甲方框四车力。	"方框"即"囗"，字根还有"皿"
25	山由贝，下框几。	"下框"即"凵"
31	禾竹一撇双人立，反文条头共三一。	"一撇"指"丿"；"双人立"即"彳"。"反文"指"夂"；"条头"即"夂"
32	白手看头三二斤，	"手"包括"扌"
33	月彡（衫）乃用家衣底。	"家衣底"即"豕"、"衣"
34	人和八，三四里，	"人"包括"亻"

续表

区 位 码	助 记 词	说 明
35	金勹缺点无尾鱼， 犬旁留叉儿一点夕， 氏无七（妻）。	"金勹缺点"指"金"、"钅"、"勹"。 "犬旁"指"犭"、"儿"。 "氏"去掉"七"后的剩余部分
41	言文方广在四一， 高头一捺谁人去。	"言"包括"讠"；字根还包括"亠"、"丶"。 "高头"，"谁"去掉"讠"和"亻"后的剩余部分
42	立辛两点六门扩（病），	"两点"指"丷"、"冫"；"病"指"疒"
43	水旁兴头小倒立。	"水旁"指"氵"
44	火业头，四点米，	"业头"指去掉"一"后的剩余部分；"四点"即"灬"
45	之字军盖建道底， 之宝盖，摘礻（示）衤（衣）。	即"之、宀、冖、廴、辶"。 "礻、衤"摘除最后的一至二笔画
51	已半巳满不出己， 左框折尸心和羽。	"左框"指去掉"丿"后的剩余部分；"心"包括"忄"；字根还有"乙"、"乜"
52	子耳了也框向上。	"子"包括"孑"；"耳"还包括"阝"与"卩"；"框向上"即"凵"
53	女刀九臼山朝西。	"山朝西"即"彐"；字根还有"巛"
54	又巴马，丢矢矣，	"矣"去掉"矢"为"厶"
55	慈母无心弓和匕， 幼无力。	"母无心"。 "幼"去掉"力"为"幺"，还包括"纟"和"糸"

（2）字根总表与字根键盘总图。读者可以按照键位的排列规律，依据字根的内在联系和特征，熟记和使用"五笔字型"输入法。表 1-7 所示为包含有 125 种"五笔字型"基本字根及其全部"小兄弟"的键盘字根总表。图 1-9 所示为"五笔字型"基本字根键盘总图。

表 1-7　　　　　　　　　　　　《五笔字型汉字编码方案》字根总表

分区区位	键 位	代 码	字 母	键 名	基 本 字 根	高 频 字
1 区 横起笔	1 2 3 4 5	11 12 13 14 15	G F D S A	王 土士 大犬 木 工	王五戋一 土士二十干寸雨 大犬三石古厂 木西丁 工匚七弋戈艹卅廿	一 地 在 要 工
2 区 竖起笔	1 2 3 4 5	21 22 23 24 25	H J K L M	目 日日 口 田 山	目上止卜丨虍 日曰早虫刂 口川 田甲囗四皿车力 山由门贝几	上 是 中 国 同
3 区 撇起笔	1 2 3 4 5	31 32 33 34 35	T R E W Q	禾竹 白 月 人 金	禾竹彳夂夂丿 白手扌斤 月彡乃用豕豸 人亻八 金钅勹犭夕儿	和 的 有 人 我
4 区 点起笔	1 2 3 4 5	41 42 43 44 45	Y U I O P	言 立 水 火 之	言讠文方广亠丶 立辛丬冫六扩门 水氵小 火灬米 之辶乏宀冖	主 产 不 为 这
5 区 折起笔	1 2 3 4 5	51 52 53 54 55	N B V C X	已己巳 子 女 又 纟幺	已己巳尸心忄羽乙乜 子孑凵了阝卩也 女刀九彐白巛 又厶巴马 纟幺糸弓匕	民 了 发 以 经

金钅儿九 丷乂儿钅 ㄅㄇㄆ乂ㄷ **35 Q**	人 亻 八 癶夊 **34 W**	月彡乛用 爫乃豕彐 匚冂长衣 **33 E**	白手扌 彡手乛 斤厂彡 **32 R**	禾 竹 攵 丿 攵攵彳 **31 T**	言文方 ㄗ、宀 广、圭 **41 Y**	立 六亠 丷辛丷 扩犭门 **42 U**	水氺氵丷 小氵丷 丷丷业 **43 I**	火业小 业业米 灬 米 **44 O**	之辶廴 一 宀礻 **45 P**
工戈弋廾 卄廿戈弋 七七弋弋 **15 A**	木 丁 西 覀 **14 S**	大犬古石 三手羽 厂アナナ **13 D**	土士干 二丰十 雨寸寸 **12 F**	王 圭 一 五 丰丰 **11 G**	目 广且 丨卜卜 上止龰 **21 H**	日曰四早 刂刂刂 虫 川 **22 J**	口 川 川 川 **23 K**	田甲四囗 罒囗四车 车罒力 **24 L**	
Z	纟纟幺 纟纟彐 匕 **55 X**	又ㄈㄠ 巴 马 马 **54 C**	女刀九 彐臼 彐 **53 V**	子孑了也 阝阝耳 阝阝 **52 B**	已巳コ羽 心忄尸心 乙ㄅㄅㄅ **51 N**	山由贝几 冂刀冂 **25 M**	< 、 		

图1-9 "五笔字型"基本字根键盘总图

（3）找字根的要点。初学者可参考以下方法在键盘上找到所需要的字根。

① 依据字根的第 1 个笔画（首笔）找到字根的区（只有几个例外）。

例如，"王、土、大、木、工、五、十、古、西、戈"的首笔为横（编码代号为 1）均在第 1 区。

又如，"禾、白、月、人、金、竹、手、用、八、儿"的首笔为撇（编码代号为 3）均在第 3 区。

② 依据字根的第 2 个笔画（次笔）找到位。

例如，"王、上、禾、言、已"的第 2 笔为横（编码代号为 1），均在第 1 位。

又如，"戈、山、夕、之、纟"的第 2 笔为折（编码代号为 5），均在第 5 位。

③ 单笔画及其简单复合笔画形成的字根，其位号等于其笔画数。

例如，"一、丨、丿、、、乙"均在对应区的第 1 位；

"二、刂、冫"均在对应区的第 2 位；

"三、川、彡、氵、巛"均在对应区的第 3 位。

④ 少数例外。有 4 个字根，即力、车、几、心，既不在前 2 笔所对应的"区"和"位"，甚至也不在其首笔所对应的"区"中。原因是：如果它们在对应的"区"、"位"里，将会引起大量的重码。这 4 个字根的记忆方法如下。

"力"：读音为 Li，因此在"L"（24）键上。

"车"：其繁体字"車"与"田、甲"相近，因此与"田、甲"同在"L"（24）键上。

"几"：外形与"冂"相近，因此二者放在同一个键"M"（25）上。

"心"：其最长的一个笔画为"乙"，因此放在"N"（51）键上。

 课堂练习三　写出下列汉字的"五笔字型"编码

人八入田甲由申果电重千于午牛年矢失朱未末大犬尤龙万天夫元平半与书片专乂毛才太出来世身事长垂重曲面州为发严承永离禹凹凸民切越印乐段追服予鸟北敝决恭苏曳鬼就考看慧犏舞殄绕孑了卫戊成率藕振拜歌哥带兆适朝去乒乓球兼乘

课堂练习四　输入下列汉字

要点：对每个字的字根键位加以记忆。

第1区字根组字练习：

11G　瑟斑表晴语伍亘于钱残末

12F　封都示动什南杆舍革鞍衬得半奔彭裁冉

13D　夺天然伏闫丰邦悲韭晨振厅源洋戌善着羚磊矿胡剧页万在爱成尤龙跋肆鬓养适套

14S　森棵要洒宁歌哥栽

15A　民东式岱区臣茹哎莽酣谨甘黄腊垂功轻或划载医倾越曲

第2区字根组字练习：

21H　相处道具什引申事占贞卡下叔让肯足疋虎虚皮玻

22J　晶曙汨暮临象坚进归界肃梨刊章朝虹蚕

23K　品中喊训带

24L　思雷恩回闸鸭轨轰泗曼黑東温盆曾增加历舞

25M　岸见禹凹凸盎崩幢丹典朵邮风刚骨肮谪帆内

第3区字根组字练习：

31T　积季余叙者秘复怎炸笺简放数条赣处彻覆微乘改败般

32R　碧凰皑物易肠后派汽朱失掌打势抛看拜析皙惭岳兵卑

33E　朋肢甩助县甫拥解珍穆采受貌豸秀家豪橡毅衰衣畏丧眼良派

34W　众输夷份雁只谷苏癸蹬蔡察追段

35Q　鑫錾针镜构跑久软你鸟鸣岛多残然炙印乐氏猾逛鲁渔克无免见史便敖包鲍夜

第4区字根组字练习：

41Y　信誓认辨高京义诉尺人州亢亡丹充亥孩庆俯刘雯肪激唯截哀离

42U　暗颜冲头飞均壮北样兽敝关幸夹商旁辞滓疗嫉

43I　淼泵承永函兆泰康淡汉学兴检否杯少系党米藕

44O　秋灭杰庶赤兼显濮粉播严

45P　冗农罕礼幂远袄爱榜建诞党

第5区字根组字练习：

51N　记凯皑导撰民亿挖肠官追巨卢启眉媚声蕊必怀惭恭舔翌翻练永书决

52B　李孱孙熟粼画屈屯齿龄亨蒸邓陈滁最敢椰节报矛仓顾宛她施卫予聊承

53V　委媳案淄巢切扭那杂旭丸寻津食毁霓

54C　坚骚轻毓令通私云离肥爸妈骤

55X　纺蕴雍幻累慈每互张第沸此龙曳批缘

任务三　使用五笔字型输入法中的单字编码规则

"五笔字型"输入法的编码规则包括：单字的编码规则和词语的编码规则。学习"五笔字型"

输入法必须在熟记125种字根的基础上，利用"五笔字型"的单字编码规则的输入口诀，练习汉字的录入。

单字的输入编码口诀如下：

五笔字型均直观，依照笔顺把码编；

键名汉字打四下，基本字根请照搬；

一二三末取四码，顺序拆分大优先；

不足四码要注意，交叉识别补后边。

一、掌握"键面字"输入方法

一张"字根总表"，将全部汉字划分成两大部分。"字根总表"里列出的，是用来组成总表以外汉字的，称为"键面字"或"成字字根"；"字根总表"里没有列出的，全部是由字根组合而成的，称为"键外字"或"复合字"。

按照"汉字分解为字根，字根分解为笔画"的分解原则，首先应学习"键面字"或"成字字根"的编码输入法。

1. 键名输入

各个键上的第1个字根，即"助记词"中打头的那个字根，被称为"键名"。作为"键名"的汉字，其输入方法是：把所在的键连敲4下（不再按空格键）。

例如，"王"字的输入码：王王王王（即11、11、11、11或G、G、G、G）。

"又"字的输入码：又又又又（即54、54、54、54或C、C、C、C）。

把每一个键都连按4下，即可输入25个作为键名的汉字。

2. 成字字根输入

（1）成字字根。字根总表之中，键名以外的自身也是汉字的字根，被称为"成字字根"，简称"成字根"。除键名外，成字根共有97个（包括相当于汉字的"氵、亻、勹、刂"等）。

（2）成字字根的输入。先按一下所在的键（称之为"报户口"），再根据"字根拆成单笔画"的原则，输入其第1个单笔画、第2个单笔画以及最后一个单笔画；不足4键时，加按一次空格键。

成字字根的编码公式：键名码 + 首笔码 + 次笔码 + 末笔码

表1-8所示为部分成字字根的输入码举例。

表1-8　　　　　　　　　　　　　成字字根输入法举例

成 字 根	报 户 口	第 一 单 笔	第 二 单 笔	最 末 单 笔	所击键位
文	文（Y）	丶（Y）	一（G）	丶（Y）	YYGY 41 41 11 41
用	用（E）	丿（T）	乙（N）	丨（H）	ETNH 33 31 51 21
亻	亻（W）	丿（T）	丨（H）		WTH 空格 34 31 21
厂	厂（D）	一（G）	丿（T）		DGT 空格 13 11 31
车	车（L）	一（G）	乙（N）	丨（H）	LGNH 24 11 51 21

3. 单笔画输入

5 种单笔"一、丨、丿、丶、乙"是作为汉字列入国家标准的。在"五笔字型"中,本应按"成字根"的方法输入,但除"一"之外,其他几个均不常用。因此,5 个单笔画的编码按"成字根"输入法输入后,再加两个"L"。

例如,"一": GGLL

　　　"丨": HHLL

　　　"丿": TTLL

　　　"丶": YYLL

　　　"乙": NNLL

应当说明,"一"是一个极为常用的字,每次均按 4 下会很麻烦。"一"还有一个"高频字"编码,即按一个"G"键,再按一个空格,便可输入。

二、掌握"键外字"输入方法

凡是"字根总表"上没有的汉字,即"键外字",均可认为是由表内的字根拼合而成的,故称之为"合体字"。按照汉字分解的总原则——"汉字拆成字根",首先将一切"合体字"拆成若干个字根。

1. 合体字的拆分原则

(1)书写顺序。拆分"合体字"时,一定要按照正确的书写顺序进行。

例如,"新"只能拆成"立、木、斤",不能拆成"立、斤、木"。

　　　"中"只能拆成"口、丨",不能拆成"丨、口"。

　　　"夷"只能拆成"一、弓、人",不能拆成"大、弓"。

(2)取大优先。取大优先也叫做"优先取大"。按书写顺序拆分汉字时,应以"再添一个笔画便不能成为字根"为限,每次都拆取一个"尽可能大"的,即尽可能笔画多的字根。

例如,"世"的第 1 种拆法(错误):一、凵、乙;第 2 种拆法(正确):廿、乙。显然,前者是错误的,因为其第 2 个字根"凵",完全可以向前"凑"到"一"上,形成一个"更大"的已知字根"廿"。

又如,"制"的第 1 种拆法(错误):一、冂、丨、刂;第 2 种拆法(正确):丿、冂、丨、刂。同样,第 1 种拆法是错误的,因为第 2 码的"一"作为后一个笔画,完全可以向前"凑",与第 1 个字根凑成"更大"的字根。

总之,"取大优先",俗称"尽量往前凑",是一个在汉字拆分中最常用的基本原则。至于什么才算"大","大"到什么程度才到"边",只要熟悉了字根总表后,便不难领会了。

(3)兼顾直观。在拆分汉字时,为照顾汉字字根的完整性,有时不得不暂且牺牲一下"书写顺序"和"取大优先"的原则,形成个别例外的情况。

例如,"国"按"书写顺序"应拆成:"冂、王、丶、一",但这样便破坏了汉字构造的直观性,故只好违背"书写顺序",拆作"口、王、丶"了。

又如,"自"按"取大优先"应拆成:"亻、乙、三",但这样拆,不仅不直观,而且也有悖于"自"字的字源(该字的字源是"一个手指指着鼻子"),故只能拆作"丿、目",这叫做"兼顾直观"。

(4)能连不交。当一个字既可拆成相连的几个部分,也可拆成相交的几个部分时,"相连"的拆法是正确的。因为一般来说,"连"比"交"更为"直观"。

例如,"于":一十(二者是相连的)、二丨(二者是相交的)。

例如，"丑"：乙土（二者是相连的）、刀二（二者是相交的）。

（5）能散不连。笔画和字根之间、字根与字根之间，可以分为"散"、"连"和"交"3种关系。

例如，"倡"字的3个字根之间是"散"的关系。

"自"字的首笔"丿"与"目"之间是"连"的关系。

"夷"字的字根"一"、"弓"与"人"是"交"的关系。

字根之间的关系决定了汉字的字型，即上下型、左右型、杂合型。

几个字根都"交""连"在一起的，例如"夷"、"丙"等，肯定是"杂合型"，属于"3"型字；而散形字根的结构必定是"1"型或"2"型字。

有时一个汉字被拆成的几个部分都是复合笔画的字根（不是单笔画），其关系在"散"和"连"之间模棱两可。

例如，"占"字的字根"卜、口"若按"连"处理，便是杂合型（3型）；若按"散"处理，便是上下型（2型正确）。

又如，"严"字的字根"一、厂"若按"连"处理，便是杂合型（3型）；若按"散"处理，便是上下型（2型正确）。

遇到这种既能"散"，又能"连"的情况时规定：只要不是单笔画，一律按"能散不连"判断。因此，以上两例中的"占"和"严"，均被认为是"上下型"的字（2型）。

作为以上这些规定，是为了保证编码体系的严整性。实际上，用得上后3条规定的字只是极少数。

2. "多根字"的取码规则

所谓"多根字"，是指按照规定拆分之后，字根总数多于4个的字。这种字，不管拆出了几个字根，只需按顺序取其第1、2、3及最末一个字根，俗称"123末"，共取4个编码。

例如，"戆"：立早夂心，42、22、31、51（UJTN）。

3. "4根字"的取码规则

"4根字"是指刚好由4个字根构成的字，其取码方法是依照书写顺序取4个字根。

例如，"照"：日刀口灬，22、53、23、44（JVKO）。

"低"：亻钅七丶，34、35、15、41（WQAY）。

4. 不足4根字的取码规则

当一个字拆不够4个字根时，其取码方法是先输入字根码，再追加一个"末笔字型识别码"（简称"识别码"）。"识别码"是由"末笔"编码加上"字型"编码而构成的一个附加码。

（1）"1"型（左右型）字。字根输入后，加1个末笔画，即等于加1个"识别码"。

例如，"沐"：氵木丶（因为"丶"为末笔，所以加1个"丶"作为"识别码"）。

"汀"：氵丁丨（因为"丨"为末笔，所以加1个"丨"作为"识别码"）。

"洒"：氵西一（因为"一"为末笔，所以加1个"一"作为"识别码"）。

（2）"2"型（上下型）字。字根输入后，加1个由2个末笔画复合构成的"字根"，即等于加了1个"识别码"。

例如，"华"：亻匕十刂（因为末笔为"丨"，2型，所以加1个"刂"作为"识别码"）。

"字"：宀子二（因为末笔为"一"，2型，所以加1个"二"作为"识别码"）。

"参"：厶大彡 32R（因为末笔为"丿"，2型，所以加1个 32R 键作为"识别码"）。

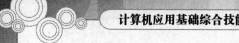

（3）"3"型（杂合型）字。字根输入后，加1个由3个末笔画复合而成的"字根"，即等于加了1个"识别码"。

例如，"同"：冂一口三（因为末笔为"一"，3型，所以加1个"三"作为"识别码"）。

"串"：口口丨川（因为末笔为"丨"，3型，所以加1个"川"作为"识别码"）。

"国"：口王丶冫（因为末笔为"丶"，3型，所以加1个"冫"作为"识别码"）。

至于为什么这些"笔画"可以起到"识别码"的作用，只要仔细研究一下区位号的设计与"识别码"的定义即可清楚。

5. 关于"末笔"的几点说明

（1）"力、刀、九、匕"这些字根的笔顺常常因人而异，"五笔字型"中特别规定，当它们参与"识别"时，一律以其"伸"得最长的"折"笔作为末笔。

例如，"男"：田力乙（末笔为"乙"，2型）。

"花"：艹亻匕乙（末笔为"乙"，2型）。

（2）带"框框"的"国、团"与带走之的"进、远、延"等，因为是一个部分被另一个部分包围，所以规定：视被包围部分的"末笔"为"末笔"。

例如，"进"：二刂辶川（末笔"丨"3型，加"川"作为"识别码"）。

"远"：二儿辶巛（末笔"乙"3型，加"巛"作为"识别码"）。

"团"：口十丿彡（末笔"丿"3型，加"彡"作为"识别码"）。

"哉"：十戈口三（末笔"一"3型，加"三"作为"识别码"）。

（3）"我"、"戋"、"成"等字的"末笔"，遵从"从上到下"的原则，一律规定撇"丿"为其末笔。

例如，"我"：丿扌乙丿（TRNT，取123末笔，只取4码）。

"戋"：戋一一丿（GGGT，成字根，先"报户口"再取1、2、末笔）。

"成"：厂乙乙丿（DNNT，取123末笔，只取4码）。

（4）对于"义、太、勺"等字中的"单独点"，离字根的距离很难确定，可远可近。规定这种"单独点"与其附近的字根是"相连"的。既然"连"在一起，便属于杂合型（3型）。其中"义"的笔顺，还需按上述"从上到下"的原则，即"先点后撇"。

例如，"义"：丶乂冫（末笔为"丶"3型，"冫"即为识别码）。

"太"：大丶冫（末笔为"丶"3型，"冫"即为识别码）。

"勺"：勹丶冫（末笔为"丶"3型，"冫"即为识别码）。

课堂练习五　输入下列汉字

要点：训练末笔交叉识别码。

皑艾岸敖扒叭笆疤把坝柏败拌剥卑钡叉备卡铂仓草厕岔扯彻尘程驰尺斥愁仇丑臭触床闯辞付父讣改甘杆竿赶秆冈杠皋告恭汞勾钩苟辜咕沽蛊故固刮挂圭旱汗夯豪亨弘户幻皇惶煌回童头秃徒吐推吞驮洼丸万亡枉旺忘妄唯未位蚊纹问沃吾毋午伍勿悟昔硒矽汐虾匣闲香湘乡翔享泄芯锌刑杏兄汹朽玄穴血驯丫岩阁厌喑彦佯羊仰咠耶曳沂艺邑亦异翌音尹应拥佣痈蛹尤铀油酉幼余鱼渔予叶誉驭元钥云孕皂扎札轧闸债盏栈章丈仗兆召砧正汁置痔钟仲舟诌肘

任务四 使用五笔字型输入法中的词语编码规则

"五笔字型"输入法的编码规则包括：单字的编码规则和词语的编码规则。在单字编码规则熟练的情况下，利用"五笔字型"词语编码规则的输入口诀，练习汉字的输入。

1982 年，"五笔字型"首创了汉字的词语，依形编码、字码词码体例一致、不须换挡的实用化词语输入法。不管多长的词语，一律取 4 码。而且单字和词语可以混合输入，不用换挡或其他附加操作，正所谓"字词兼容"。

1. 掌握 2 字词输入方法

2 字词编码规则：取每个字全码的前两码，共由 4 码组成。

例如，"经济"：纟又氵文（55、54、43、41　XCIY）。

"操作"：扌口亻丿（32、23、34、31　RKWT）。

2. 掌握 3 字词输入方法

3 字词编码规则：取前两个字的第一码和最后一字的前两码，共由 4 码组成。

例如，"计算机"：讠竹木几（41、31、14、25　YTSM）。

"操作员"：扌亻口贝（32、34、23、25　RWKM）。

"大体上"：大亻上上（13、34、21、21　DWHH）。

3. 掌握 4 字词输入方法

4 字词编码规则：各取每个字全码的第一码，共由 4 码组成。

例如，"科学技术"：禾氵扌木（31、43、32、14　TIRS）。

"高等院校"：亠竹阝石（41、31、52、14　YTBS）。

"王码电脑"：王石曰月（11、13、22、33　GDJE）。

4. 掌握多字词输入方法

多字词编码规则：各取第 1、2、3、末个汉字的第 1 码，共由 4 码组成。

例如，"喜马拉雅山"：士马扌山（12、54、32、25　FCRM）。

"中华人民共和国"：口亻人口（23、34、34、24　KWWL）。

"内蒙古自治区"：冂艹古匚（25、15、13、15　MADA）。

"全国人民代表大会"：人口人人（34、24、34、34　WLWW）。

在 Windows 版王码汉字操作系统中，系统为用户提供了 15 000 条常用词组。此外，用户还可以使用系统提供的造词软件另造新词，或直接在编辑文本的过程中从屏幕上"取字造词"。所有新造的词，系统都会自动给出正确的输入编码，并入原词库统一使用。

综合技能训练一

文字录入

课堂练习六　输入下列词组

爱护	爱国	安定	八月	巴黎	把握	百货	百米	半径	办法	包括	保持	保护
背景	背叛	被动	本职	本质	笔记	比方	比较	比例	比喻	必要	毕竟	毕业
长期	长途	长征	抄报	超过	超产	潮流	车间	成立	成套	成为	成效	成员
纯洁	磁带	磁盘	慈善	从事	答案	答复	打倒	打印	打仗	大地	大力	大量
固然	固体	关键	关系	关心	关于	关注	观测	观察	观点	观念	观众	管理
领域	另外	流动	流露	流通	留念	留学	六月	隆重	垄断	笼罩	庐山	路途
逻辑	落实	妈妈	麻烦	马达	马路	码头	满意	满足	盲目	矛盾	冒进	冒险
妹妹	门诊	猛烈	迷惑	迷信	弥补	秘密	秘书	密件	密切	棉花	勉强	面积
三月	散布	扫除	扫描	沙漠	沙子	杀害	山东	山河	山脉	山西	闪耀	陕西
上海	上级	上课	上面	上升	上述	上午	上学	上旬	烧毁	稍微	少数	少年
四季	四月	四周	似乎	松懈	搜集	搜索	苏联	宿舍	塑料	速度	肃清	虽然
电气化	电视机	电视台	电影院	动物园	二进制	发动机	反封建	房租费	纺织品			
服务员	复印机	根本上	公安部	公有制	工程师	工农业	工商业	工学院	工业化			
国庆节	国务院	杭州市	河北省	合肥市	很必要	黑龙江	红领巾	后勤部	年轻化			
牛轻人	农作物	评论员	普通话	气象台	千百万	青年人	青少年	轻工业	青海省			
全世界	人民币	人生观	日用品	山东省	山西省	陕西省	商业部	上海市	少先队			
审计署	沈阳市	生产力	生产率	十二月	十一月	十进制	实用性	石家庄	市中心			
水电站	私有制	司法部	知识化	中纪委	中宣部	中学生	中组部	重工业	重要性			
奋发图强	港澳同胞	高等学校	各级党委	各级领导	工人阶级	工作人员	公共汽车					
共产党员	共产主义	供不应求	贯彻执行	经济特区	经济效益	精神文明	精兵简政					
科技人员	科学分析	科学管理	拉丁美洲	联系群众	联系实际	领导干部	民主党派					
内部矛盾	农副产品	农贸市场	农民日报	培训中心	平方公里	五笔字型	中文电脑					
企业管理	勤工俭学	轻工业部	情报检索	十六进制	实际情况	石家庄市	市场信息					
思想方法	四化建设	踏踏实实	贪污盗窃	提高警惕	体力劳动	体制改革	天气预报					
通俗读物	通信地址	通信卫星	同心同德	推广应用	歪风邪气							

民主集中制　宁夏回族自治区　全国人民代表大会　全民所有制
人民大会堂　人民代表大会　四个现代化　为人民服务

任务五　使用五笔字型输入法中的简码、重码、容错码

1. 掌握简码输入方法

为了减少击键次数，提高输入速度，一些常用的字，除按其全码可以输入外，多数还可以只

取其前边的 1～3 个字根，再加空格键输入，即只取其全码最前边的第 1、2 或 3 个字根（编码）输入，形成所谓一、二、三级简码。

（1）一级简码字。一级简码字是高频字，有 25 个最常用的汉字，即"一地在要工，上是中国同，和的有人我，主产不为这，民了发以经"。上述键只要敲击一下，再按一下空格键即可输入。

例如，"一"：11（G）。

"要"：14（S）。

"的"：32（R）。

"和"：31（T）。

（2）二级简码字。二级简码字共有 $25 \times 25 = 625$ 个。

例如，"化"：亻匕（WX）。

"信"：亻言（WY）。

"李"：木子（SB）。

"张"：弓丿（XT）。

（3）三级简码字。三级简码字共有 $25 \times 25 \times 25 = 15\,625$ 个，实际上，三级简码字只安排了约 4 400 多个。

例如，"华"：亻匕十（WXF）。

"想"：木目心（SHN）。

"陈"：阝七小（BAI）。

"得"：彳曰一（TJG）。

有时，同一个汉字可有几种简码。

例如，"经"，同时有一、二、三级简码及全码 4 种输入码。

经：55（X）。

经：55 54（XC）。

经：55 54 15（XCA）。

经：55 54 15 11（XCAG）。

2. 掌握重码输入方法

几个"五笔字型"编码完全相同的字，称为"重码"。

例如，"枯"：木古一（SDG）。

"柘"：木石一（SDG）。

"五笔字型"的重码本来就很少，加上重码在提示行中的位置是按其出现的频度排列的，常用字总是在前边，所以，实际需要挑选的机会极少，平均输入 1 万个字，才需要挑 2 次。

（1）选择方法。当输入重码字的编码时，重码的字将同时出现在屏幕的"提示行"中，如果需要的字在第 1 个位置时，继续输入下文，该字即可自动跳到光标所在的位置上；如果需要的字在第 2 个位置上，则按一下数字键 2，即可将需要的字挑选到屏幕上。

（2）"L"的用法。所有显示在后边的重码字，将其最后一个编码人为地修改为"L"，使其具有一个唯一的编码，按这个编码输入，则不再需要挑选了。

例如，"喜"和"嘉"的编码都是 FKUK。将最后一个"K"改为"L"，FKUL 就作为"嘉"的唯一编码，"喜"虽重码，但不再需要挑选，也相当于有了唯一编码。

3. 掌握容错码输入方法

容错码有两个含义：一是容易出错的编码，二是容许出错的编码。"容易"出错的编码，允许按错误的编码输入，谓之"容错码"。"五笔字型"输入法中的"容错码"目前约有 1 000 个，使用者还可以自行建立。

"容错码"主要有以下两种类型。

（1）拆分容错。个别汉字的书写顺序因人而异，所以容易出错。

例如，"长"：丿七丶冫（正确码）。

"长"：七丿丶冫（容错码）。

"长"：丿一丨丶（容错码）。

"长"：一丨丿丶（容错码）。

"秉"：丿一彐小（正确码）。

"秉"：禾彐冫（容错码）。

（2）字型容错。个别汉字的字型分类不易确定者，所以容易出错。

例如，"占"：卜二（正确码）。

"占"：卜三（容错码）。

"右"：ナ二（正确码）。

"右"：ナ三（容错码）。

课堂练习七　一级简码字的输入

共 25 个汉字，要求 1min 内完成录入。

课堂练习八　二级简码字的输入

啊阿陛边变伯泊不步降采莱餐参代胆淡当档邓迪地帝电佃甸盯钉锭定订东断队对儿二凡反贩估孤姑骨顾怪关官光归轨辊果过害汉好恨虹红后呼虎互画划化怀换晃灰毁会婚舅具决军开克客空扣枯宽昆困扩民明名末牟姆睦哪男难内能尼批皮平普妻七岂钱前欠悄且世事氏收手守曙术甩霜双水睡顺说思肆寺四诉虽孙所它台太膛提啼天条铁厅听烃瞳同屯兴行凶胸休呀牙烟炎眼燕央杨洋阳样遥药要也业叶衣姨矣亿忆找折贞针旨志炙中珠朱主驻妆浊籽子综

课堂练习九　输入下列文章

要点：注意一级简码字、二级简码字和词组输入法的灵活运用。

WWW（World Wide Web），中文称为万维网，是 Internet 中最为精彩的部分。为了与传统的网络相区别，人们将 WWW 简称为 Web，或称为 3W。Web 上具有共同主题、性质相关的

一组资源就是 Web 站点。

Web，直译为"网"，Web 的含义是指通过超级链接将各种文档组合在一起，形成一个大规模的信息集合。

1982 年 Tim Berners-Lee 最先提出了 Web 概念，他的目的是使靠近瑞士日内瓦的欧洲高能物理研究所的工作人员及分散在世界各地的物理学家能够共享研究课题。由于该系统未能摆脱当时国际互联网的影响——使用文本方式进行通信，因此没有得到公众的有力支持。

20 世纪 90 年代初，美国的 NEXT 公司推出了第一个 Web 浏览器的商业软件，人们开始在网络里运用多媒体技术，美丽的图形、图片，多样化的语言文字、超链接等技术开始在网络上崭露头角，从而打破了传统的纯文本模式。

Web 的使用，使网络的发展走进了一个色彩缤纷的世界，为网络的发展提供了丰厚的基础。

浏览 Web 时所看到的文件称为 Web 页，又称为网页。网页可以将不同类型的多媒体信息（例如文本、图像、声音和电影等）组合在一个文档中。由于这些文档是用超文本标记语言（HTML）表示的，其文件名一般是以 .htm 或 .html 结尾，因此又称为 HTML 文档或超文本。

超文本可以给浏览者带来视觉和听觉的享受，所以 Web 技术又称为超媒体技术。

一个 Web 由一个或多个 Web 页组成，这些 Web 页相互连接在一起，存放在 Web 服务器上，以供浏览者访问。浏览者通过 Web 页可以进行跳跃式的查询与浏览，可以在世界各地的计算机之间自由地、高效率地选择和收集各种各样的信息，而不必知道所浏览的信息来自于哪台计算机。

Web 所包含的是双向信息，一方面浏览者可以通过浏览器浏览他人的信息，另一方面浏览者也可以通过 Web 服务器建立自己的网站和发布自己的信息。

Web 页是用超文本标记语言（HTML）表示的。HTML 是一种规范，一种标准。HTML 通过标记符标记网页的各个组成部分，通过在网页中添加标记符，指示浏览器如何显示网页内容。浏览器按顺序阅读网页文件，并根据内容周围的 HTML 标记符解释和显示各种内容。

以 IE 浏览器为例，在浏览器窗口选择"查看"菜单中的"源文件"选项后，系统将自动启动记事本或写字板，并显示该网页的 HTML 源文件。

知识拓展 认识元码输入法

元码输入法简称元码，是按照人们自然解读汉字的习惯对汉字进行简单拆分，然后取整字和部件汉语拼音的首字母（称做音首）进行编码。

例如，"李"字的编码：李的汉语拼音是"li"，李拆分为"木"和"子"，木的汉语拼音是"mu"，"子"的汉语拼音是"zi"，因此，"李"字的编码为"lmz"。

1. 元码对汉字的拆分

（1）二分字。一般情况下，许多汉字都可以直观地分为两个完整的部件（字、偏旁或部首），元码拆分汉字的方法是将汉字一分为二，含首画的部件在前面，不含首画的部件在后面。

例如，"好"字可以拆分为"女"、"子"，编码为"hnz"。

当汉字有多种拆分形式时，二分时可以取"一小一大"或"一大一小"。"大"或"小"是指首或尾部成字部件的笔画的多与少。

例如，"矢"字可以拆分为"丿天"，编码为"spt"。

"关"字可以拆分为"丷天"，编码为"gbt"。

（2）一键字。为简化输入，元码对 26 个最常用的字采用一键编码，不再拆分，如表 1-9 所示。

表 1-9　　　　　　　　　　　　　　　　一键字表

字母	a	b	c	d	e	f
汉字	上	不	出	的	这	分
字母	g	h	i	j	k	l
汉字	国	和	一	经	开	了
字母	m	n	o	p	q	r
汉字	门	内	中	平	气	人
字母	s	t	u	v	w	x
汉字	是	同	水	为	我	小
字母	y	z				
汉字	有	在				

（3）基础部件字。基础部件字是可以构成汉字基础部件的字，处于汉字结构的最底层，一般为独体字。基础部件字的拆分方法是直接拆分为笔画。

笔画是构成楷书汉字字形的最小连笔单位，按国家相关规范归纳并编码，如表 1-10 所示。

表 1-10　　　　　　　　　　　　　　　　最小连笔单位

名称	横	竖	撇	点	折
笔画	亅一	丨丨	丿	丶丶	乛乙乚
编码	h	s	p	d	z

其中，"亅"并入"一"，"丨"并入"丨"，"丶"并入"丶"，所有拐弯的笔画都归入"折"。

当拆分的部件超过 3 个时，仅取整字音首和一、二、末部件的编码。

例如，"土"字拆分为"一"、"丨"、"一"，编码为"thsh"。

"夷"字拆分为"一"、"乛"、"一"、"乛"、"丿"、"丶"，编码为"yhzd"，即取"夷"、"一"、"乛"与最后的"丶"的编码。

（4）不易二分的多部件字。不易二分的多部件字可以直接拆分为部件。

例如，"盈"字可拆分为"乃"、"又"、"皿"，编码为"ynom"。

"赢"字可拆分为"亡"、"口"、"月"、"贝"、"凡"，编码为 ywkf，取"赢"、"亡"、"口"与最后的"凡"的编码。

（5）元码的移位。元码的移位指字的取码从取音首移至取韵首。移位的目的是进一步分散重码，以提高输入效率。

例如，"水"字的拼音是 shuǐ，在自然状况下，其音首为"s"，因"水"要移位，编码从"s"键移至韵首"u"键，即"水"取编码"u"，"泉"拆分为"白水"，取编码"qbu"。

元码定义了 15 个需要移位的字，如表 1-11 所示。

表 1-11　　　　　　　　　　　　　移位字

移 位 字	上 三 山 羊	一 十 示 衣	中 又 走 手	这	水 雨
编码	a	i	o	e	u

（6）形变部件。元码规定，一些字的"形变"以及与之相关的部件，均按这个字取相同的编码。例如，"水"的编码是"u"，则"氵"（三点水）、"水"（水字底），皆取编码"u"；

"波"拆分为"氵皮"，编码为"bup"；

"暴"拆分为"日共水"，编码为"brgu"。

又如："手"、"扌"（提手旁）、"手"（手字头），编码均为"o"。

元码常用部件表如表 1-12 所示。

表 1-12　　　　　　　　　　　　元码常用部件表

编　　码	名称及部件
a	三（彡巛），山（彐丩），羊（羊䒑）
b	八（丷），宝（宀冖），病（疒）
c	长（镸）
d	刀（勹刂リ）
e	二（冫巛丷），耳（阝阝㠯）
f	方（口）
h	火（灬），虎（虍）
i	示（礻），衣（衤㐅）
j	己（巳已），金（钅）几（几）
k	框（匚凵冂）
l	老（耂）
m	母（毋丗）
n	牛（牜牛）
o	走（辶），手（扌手）
p	撇（丿厂）
q	青（龶），犬（犭豸）
r	人（亻彳），日（冖日）
s	四（罒），食（饣），私（厶⺈），丝（纟糸）
t	土（士）
u	水（氵氺），雨（⻗）
w	文（攵夂）王（王）
x	小（⺌），心（忄⺗），西（襾）
y	言（讠）
z	子（孑），爪（爫），竹（⺮）

（7）部件类。有些汉字构成比较复杂，需要采取一些特殊的编码方法。元码将具有某些相似

特征的部件归为一类，称为部件类，共归纳了"交、连、串、戈、止"5类，每一类定义了一个编码，如表 1-13 所示。

表 1-13　　　　　　　　　　　部件类

序　号	名　　称	简　　称	编　码	部　　件
1	两笔相交	交	j	乂 ナ 七 乄 匕
2	两笔相连	连	l	亠 乛 丩 亽 丁 勹 乄 幺
3	一笔串两笔	串	c	艹 卄 廾 十 龹
4	有戈组合	戈	g	戋 戊 弋 戈 戋 弌 戮
5	有止组合	止	z	龰 疋 辵 正 隹

例如，"艾"字拆分为"艹乂"，编码为"acj"。其中，"乂"为两笔相交。

"贱"字拆分为"贝戋"，编码为"jbg"。其中，"戋"为有戈组合。

（8）模糊键"v"。有些字的构成既不成字，也不属于以上 5 类，统一归入模糊键"v"进行编码处理。

例如，"鼎"字拆分为"目～"，编码为"smv"。其中，"～"代表"鼎"的下部，取编码"v"。

"妻"字拆分为"～女"，编码为"qvn"。其中，"～"代表"妻"的上部，取编码"v"。

（9）细分。许多汉字虽然可以二分，但重码较多，不利于提高输入效率。为进一步分散重码，在二分的基础上还可以再分，称为细分。细分的规则如下。

① 尾部为合体字。

例如，"测"→"氵则"→"氵贝刂"→cubd；

"招"→"扌召"→"扌刀口"→zodk；

"烟"→"火因"→"火口大"→yhfd；

"跑"→"𧾷包"→"𧾷勹巳"→pzlj。

尾部成字都可以直接取码，但将尾部拆分后就可大大降低重码率。

② 取尾分散。当尾部字音首与整字音首相同时，尾部字可分。

例如，"柱"→"木丶王"→zmdw。其中，"主"与"柱"音首相同，尾部字可分。

③ 首部成字不分。

例如，"些"→"此二"→xce。其中，"此"为成字部件，在首部不分。

"幕"→"莫巾"→mmj。其中，"莫"为成字部件，在首部不分。

2. 元码取码规则

（1）单字取码。单字全码为 4 键，第 1 键取整字编码，第 2～4 键依次按拆分后部件（或笔画）取码，不足 4 键不用补足。如果拆分出来的部件（或笔画）数目多于 3 个，则取前两个和最后一个的编码。

（2）词组取码。

① 2 字词各字取前两码。

例如，"旋转"→"旋方转车"→xfzc。

② 3 字词前两字各取第一码，尾字取第一和第二码。

例如，"计算机"→"计算机木"→jsjm。

③ 4字以上词，取前3字第一码加尾字第一码。

例如，"万马奔腾"→"万马奔腾"→wmbt。

④ 26个高频一键字词组中的默认编码用"v"键代替。

例如，"我们"→wvmr。

（3）符号编码。

① 一般的符号可以用"v"键加符号读音的音首编码。

例如，"。"→vj；

　　　"；"→vf。

各种常用符号的编码如表1-14所示。

表1-14　　　　　　　　　　　　　元码常用符号编码表

字　符	编　码	注　释
，	vc	comma
。.	vj	句号
、	vd	顿号
；	vf	分号
？	vw	问号
！	vt	叹号
……	vs	省略号
——	vp	破折号
：	vm	冒号
："	vmy	冒号、引号
。"	vjy	句号、引号
？"	vwy	问号、引号
！"	vty	叹号、引号
％	vb	百分
‰	vq	千分

② 利用"e、u、i、o、v"两两组合，表示成对的符号。

例如，"（"→uu；

　　　"）"→ii。

各种常用成对符号的编码如表1-15所示。

表1-15　　　　　　　　　　　　　成对符号编码表

字　符	编　码	注　释
（	uu	左括号
）	ii	右括号
"	ui	左双引号
"	iu	右双引号

续表

字　符	编　码	注　释
'	uo	左单引号
'	ou	右单引号
《	eu	左书引号
》	ue	右书引号
【	ev	左方括号
】	ve	右方括号

3. 导航查询

（1）导航键（～）导航。当用元码输入任何一个字、词后，按导航键（～）和回车键，即可导航到元码系统自带的电子《导学词典》，进行中英文相关信息的查询。

（2）文本导航。在 Word、Excel、记事本等状态下，只要用鼠标选定需要查询的字、词或词组，同时按下 Ctrl 键和～键，即可导航至《导学词典》。

（3）生僻字查询。使用元码的"任意字母大写"查询功能即可进行生僻字查询。操作方法是：直接按其部件输入编码，其中任意一个编码大写，再按导航键（～），导航到《导学词典》，查询该字的汉语汉字信息。

"任意字母大写"的操作方法是：按 Shift 键和需要大写的字母键。不能使用 Caps Lock 键进行字母大写，否则输入法不起作用。

（4）其他中文输入状态和联网状态下的导航查询。在其他中文输入状态和联网状态下，只能采用文本导航的方式。

元码键位映射表如图 1-10 所示。

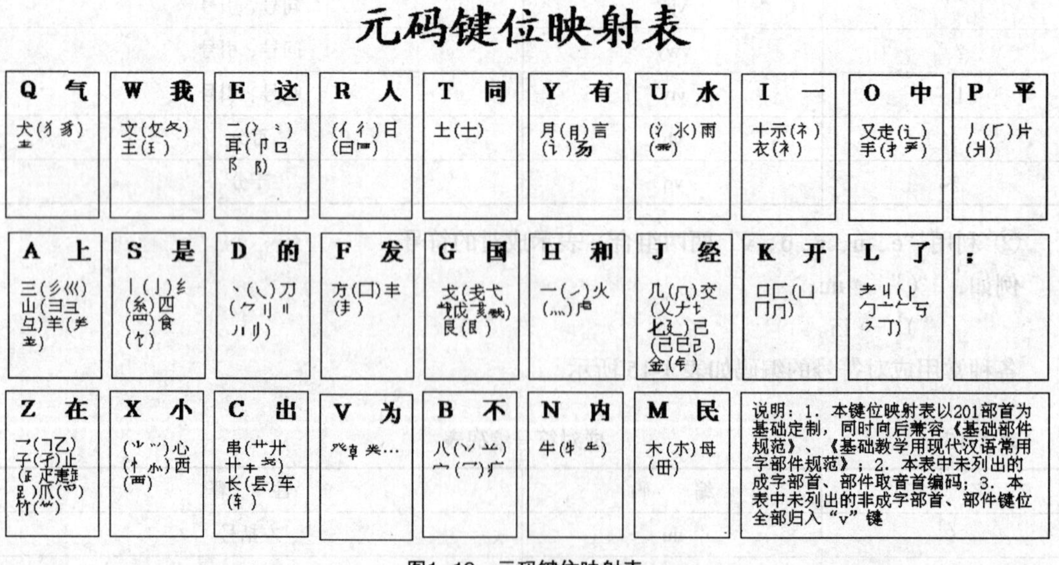

元码键位映射表

说明：1. 本键位映射表以201部首为基础定制，同时向后兼容《基础部件规范》、《基础教学用现代汉语常用字部件规范》；2. 本表中未列出的成字部首、部件取音首编码；3. 本表中未列出的非成字部首、部件键位全部归入"v"键

图1-10　元码键位映射表

综合技能训练二

个人计算机组装

个人购置配件组装计算机的观念最早产生于欧美等 IT 产业发达国家，即计算机 DIY（Do it yourself，可直译为"自己动手做"）。在工业化生产已经日臻完美的今天，很多人看腻了市场上千篇一律的工业产品，为满足自己的特殊需要，而自己动手组装计算机。Do it yourself 不是一句简单的英文，它代表了自己去做、自己体验、挑战自我的精神。其实，只要用户具有学习精神和动手能力，了解一些计算机配件知识，就可以大胆尝试 DIY，也会发现组装计算机其实很简单。

计算机是由一系列标准部件和设备通过一定的方式组装而成的，包括机箱、电源、主板、CPU、内存、显卡、声卡、硬盘、光驱、软驱、数据线、信号线等。熟悉部件的功能、种类、型号、技术指标、购买方式及使用注意事项，对计算机的组装和维护至关重要。不同厂商的产品也因为技术发展方向、产品定位的不同而有一定差异，所以读者在学习计算机组装时需要开阔眼界，积累相关的技术经验。

任务描述

根据用户要求组装一台个人计算机，安装操作系统及硬件驱动程序，查找并排除故障。要求计算机在 Windows XP 操作系统下能正常运行，并安装测试软件、杀毒软件、系统备份和还原软件。

装配计算机应按实际需要购买配件。请同学们分组调查教师办公所需计算机配置，为教师配置一台办公用计算机。注意，不同科目任课教师的需求是不同的。

另外，一些发烧友还自己用其他的一些工具代替机箱做出各种外观的计算机。例如，有的机箱加工成汽车模型或别墅模型，还加装各种灯饰，非常有个性。

技能目标

· 熟悉当前计算机市场的主流机型及配置，熟悉计算机硬件结构、各部件的功能和特点。

· 熟悉计算机组装的方法（电器安装工艺、流程），具有一定的计算机调试及故障诊断知识和技能。

综合技能训练（二）　个人计算机组装

- 掌握组装计算机的技能要求：计算机各部件安装位置正确，安装牢固、无松动、无变形等；各类信号线的连接正确无误，走线合理、整机美观；能根据说明书完成有关跳线的设置方法；CMOS 设置正确，硬盘分区正确；系统软件及硬件驱动程序安装正确；能利用检测软件测试计算机性能，能安装杀毒软件、系统备份软件等应用软件；具有一定的计算机故障检测和排除能力。

 环境要求

- 防静电工作台：防静电桌垫、防静电腕带、接地装置。
- 计算机组装所需的相关部件：带电源的机箱、显示器、显卡及驱动程序、光驱、硬盘、软驱、声卡及驱动程序、网卡及驱动程序、Modem 及驱动程序、键盘、鼠标、系统软件光盘、各类主板（包括集成板）、说明书等。
- 组装计算机所需的工具和软件：螺丝刀（一套）、镊子、尖嘴钳、万用表、剪刀或偏口钳、尼龙扎带、Windows XP 系统软件等。

任务分析

组装一台个人计算机，需要在技能训练中分下述 6 个任务进行操作。

（1）根据不同用户需求，确定计算机硬件配置，填写装机配置清单。

（2）根据计算机组装的方法（电器安装工艺、流程），进行计算机组装和调试。

（3）安装操作系统及设备驱动程序。

（4）检测计算机系统。

（5）安装计算机病毒防治软件。

（6）制作系统的备份。

在实际的组装计算机中，要涉及方方面面的问题，例如，各个配件如何搭配才能发挥最佳性能；如何根据实际需求配置合理价位的计算机，即性价比高；如何用比较简单实用的方法辨别配件的真伪；如何与经销商打交道，买到价格、质量、服务都到位的计算机配件等。

任务一　购置计算机硬件

个人装配计算机的目的不尽相同，有的用于办公、有的只用于上网、有的只用于游戏、有的用于多媒体制作，各种应用不一而足。应根据不同的需求购置计算机硬件。

某数学教师想花 4 000 元配置一台计算机，用于备课和家庭娱乐，并满足高速上网的需求，逛计算机配件市场时，面对大量的计算机配件，不明白其作用和相关的知识，希望你能以计算机技术员的身份进行讲解，并根据该用户需求拟定两种配置方案。

 在《计算机应用基础》配套教材中已经认识了计算机的各种配件，如表 2-1 所示。

表 2-1　　　　　　　　　　　　　　　　组成微型计算机的基本部件

部　件	说　明
微处理器	处理器通常被认为是系统的"大脑"，也称为 CPU（中央处理单元）
主板	主板是系统的核心，其他各个部件都与它连接，它控制系统中的一切操作
内存	系统内存通常称为 RAM（随机存取存储器）。这是系统的主存，保存在任意时刻处理器使用的所有程序和数据
机箱	机箱中能容纳主板、电源、硬盘、适配卡和系统中其他物理部件
电源	电源负责给 PC 中的每个部分供电
软驱	软驱是一种简单、便宜、低容量、可移动的磁盘存储设备
硬盘	硬盘是系统中最主要的存储设备
光驱	高容量可移动的光驱动器
键盘	键盘是向计算机发布命令和输入数据的重要输入设备
鼠标	鼠标是重要的输入设备，目前多见的是光电式鼠标
显卡	显卡控制了屏幕上显示的信息
显示器	显示计算机运行的结果及人们向计算机输入的内容
声卡	声卡让计算机具备了多媒体能力
网卡	网卡将计算机通过网络互相连接起来，可以共享资源和集中管理
音箱	与声卡配合使用
调制解调器	通过电话线将计算机与其他计算机或网络连接起来

在这些部件中，有些并不是必需的，而有些部件是不可缺少的。例如，调制解调器（Modem）在一个系统中就不是必需的部件，如果用户要使用电话拨号方式连接 Internet，就应该选择一个调制解调器。另外，有些部件经过多年的不断发展，有的被合并了，有的功能更强大、更丰富了。例如，以前在个人计算机中，连接硬盘、软驱等设备，要专门有一个 I/O 卡（也叫多功能卡），而现在都集成在了主板上，目前大部分主板还集成了声卡、显卡、网卡和 Modem 功能。功能的集成和丰富，大大提高了个人计算机的性价比，从而使其更加普及。

在购置计算机之前要制订配置方案，不能在选购配件时追求高性能和新产品，否则配置出来的计算机很可能会造成资源浪费，超出资金预算。在购买计算机前，应注意总结以下几个问题。

（1）购买计算机的用途是什么？如处理文档、娱乐、玩游戏、上网、做多媒体处理等。不同的需求需要不同的配置，一定要量身定做。

（2）购买预算是多少？如果资金充裕，那么就可以选择质量好的一线品牌；如果资金不足，在不愿意降低配置的情况下，只能选择质量差一点的二线品牌。

（3）在性价比方面做出取舍，如是购买高性能的 CPU 来提高运算能力，还是购买高性能的显卡满足游戏的要求，或是购买高性能的主板为以后升级留下更多空间。

以下分步骤进行硬件选购的说明，由于篇幅原因，在这里不能将所有硬件的选购一一详细列出，这里以 CPU 为例进行说明。

步骤 1，选购 CPU 及风扇。CPU 和风扇的外观如图 2-1 和图 2-2 所示。CPU 在计算机组装中占资金较多，其性能直接决定计算机的运行速度。现代制造技术的日益提高，CPU 的集成度也在不断增大，主频速度越来越快，使得 CPU 工作时发热很厉害，选择一款合适的散热器也非常重要。

图2-1　CPU编号　　　　　　　　　　　图2-2　CPU风扇

（1）CPU选购原则。CPU是衡量一台计算机档次的标志。在购买或组装一台计算机之前，首先要确定的就是要选择什么样的CPU。

CPU产品的频率提高幅度已经远远大于其他设备运行速度的提高，因此，选购CPU不能仅凭频率高低来选择，应该选择一款性价比较高的CPU。

对于个人组装台式机的选购来说，在选择CPU时要按需而取、适度超前。不要盲目听信商家宣传，去买最新或最高性能的CPU，因为刚推出的CPU其价格往往要比主流CPU的价格高很多，当然也不要选购最低档次的CPU，在经济条件允许的情况下，应当选择中档的CPU。

（2）CPU的编号识别。CPU的编号是印在CPU表面的一些字母和数字。对于多数普通用户来说，可能以前没有怎么留意CPU上面的编号，但对于那些超频爱好者来说，CPU的编号十分重要。其实，不仅仅是超频用户，对于一般用户来说了解一下CPU的编号很有用，可以知道许多关于CPU的信息。

例如，如图2-1所示的Intel Core2 Q8200处理器采用了45nm工艺制造，接口为LGA775，主频为2.33GHz，外频为333MHz，倍频为7。它的前端总线为1333MHz，L2缓存容量高达4MB，供电需符合05A标准，目前市场上的大部分P35主板都可支持。CPU的编号说明如表2-2所示。

表2-2　　　　　　　　　　　　　　　CPU的编号说明

行　　号	定　　义	具体参数
行1	处理器编号	编号为Q8200
行2	处理器家族	采用45NM架构的4核处理器
行3	Sspec# 和制造国家	SL85M表示处理器的S-Spec编号，可以查出处理器的其他指标。MALAY表示马来西亚生产
行4	CPU速度／二级缓存大小／总线速度／步进	主频2.33GHz/L2缓存为4M/前端总线频率为1333MHz/工作电压供电需符合05A标准
行5	FPO（完成订购过程）	全球唯一的产品序列号

步进编号用来标识一系列CPU的设计或生产制造版本数据，步进的版本会随着这一系列CPU生产工艺的改进、BUG的解决或特性的增加而改变，也就是说步进编号是用来标识CPU的

这些不同的"修订"的。同一系列不同步进的 CPU 或多或少都会有一些差异，如在稳定性、核心电压、功耗、发热量、超频性能甚至支持的指令集方面可能会有所差异。

其他厂家和类型的 CPU 编号请用户自行在 Internet 上查询。

 用户可以通过到计算机配件市场调研或从 Internet 上查找计算机硬件配置的信息。有关计算机 DIY 组装的专业网站非常多，可以从以下网站查看产品信息。

太平洋电脑网 DIY 硬件 http://diy.pconline.com.cn/。

中关村在线 DIY 硬件 http://diy.zol.com.cn/。

IT168 DIY 硬件频道 http://diy.it168.com/。

英特尔公司主页 http://www.intel.com.cn/。

AMD 公司主页 http://www.amd.com.cn/。

步骤 2，选购主板。主板（见图 2-3）是计算机中最大的一块多层印制电路板，具有 CPU 插槽及其他外设的接口电路的插槽、内存插槽；另外，还有 CPU 与内存、外设数据传输的控制芯片（即所谓的主板"芯片组"），它的性能直接影响整个计算机系统的性能；同时，主板与 CPU 密切相关，必须根据 CPU 来选购支持其芯片组的主板。例如，市场上的有不同厂家的 P35 主板都可支持 Intel Core2 Q8200 处理器。

步骤 3，选购内存。物理上讲，内存是由 PCB、SPD 芯片、贴片电容、金手指和一组内存芯片所组成的模块，它被安装在主板的相应内存插槽上。内存芯片或模块的电子和物理设计都不同，必须与装载它们的系统兼容才能正确地工作。为配合 P35 主板，可以选择 DDR2 内存，如图 2-4 所示。

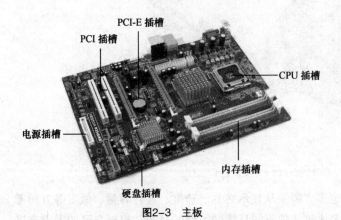
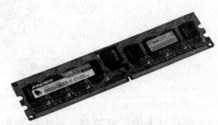

图2-3 主板   图2-4 DDR2内存

步骤 4，选购硬盘。硬盘的主流品牌有希捷（Seagate）、迈拓（Maxtor）、西部数据（WD）、三星（SAMSUNG）、日立（Hitachi）、易拓（ExcelStor）等。目前主流硬盘的容量有 120GB、160GB、250GB、300GB 等。一般来说，选购硬盘要从容量、速度和安全性这 3 个方面考虑。

典型的硬盘接口有 IDE 和 SATA。IDE（Integrated Drive Electronics），即集成驱动器电路接口，目前还在使用的 IDE ATA 接口是一种 16 位并行接口，一般采用一种 40 芯集管类型接口连接器。SATA（Serial ATA，串行 ATA）接口的性能非常优越，SATA2 的传输速率能达到 300MB/s，数据

线和主板上的接口如图2-5所示。IDE ATA 与 SATA 相比，两者在物理上是全然不同的，不可能将 SATA 数据线插入到 ATA 驱动器接口连接器中，反之亦然。

图2-5　SATA数据线和主板上SATA接口

步骤 5，选购显卡。显卡是计算机显示子系统中的一个重要部件，显示器必须要在显卡的支持下才能正常工作。现在的显卡大多是安插在主板的 AGP 插槽或者 PCI-E 插槽上。有些主板把显卡集成在了主板上，从而降低了装机成本，但集成的显卡性能一般，对游戏、3D 动画制作等支持较差。前面介绍的 P35 主板没有集成显卡，提供的是显卡插槽是 PCI Express x16 插槽，应选择 PCI Express x16 接口的显卡，如图 2-6 所示。

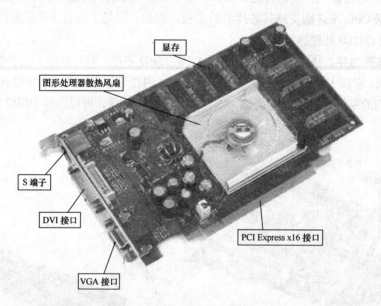

图2-6　PCI Express x16接口显卡

生产显卡的厂家较多，显卡的参数也多，需要从显示芯片、速度、显存容量、做工等方面考虑。在选购之前应多看一些测评文章，多比较几款不同品牌同类型的显卡，根据自己的需求来进行选择。

步骤 6，选购显示器。显示器是计算机向用户显示输出的外部设备，有 CRT 显示器和 LCD 显示器两类。显示器的技术指标有显示器的尺寸、分辨率、刷新频率、接口类型等，LCD 显示器的技术指标还有亮点、坏点等。

步骤 7，选购光驱。目前，光驱常用的是 DVD-ROM 和 DVD 刻录机，DVD 刻录机不仅能读取 DVD 格式的光盘，还能将数据刻录到 DVD 或 CD 刻录光盘中。选择技术指标主要有速度和接口类型，选择光驱接口类型与选购硬盘的接口类型相同。

步骤8，选购机箱和电源。电源在计算机系统中是非常重要的部件，为系统的每个部件提供电能，不正常的电源会引起其他部件的不正常，还会因为产生不稳定的电压而损害计算机中的其他部件。电源选购时要注意电源是否通过了安全认证，包括 3C、UL、CSA、CE 等，目前常用的是 20 针的 ATX 电源，接口如图 2-7 所示。

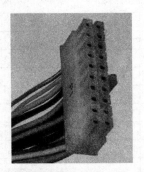

图2-7　主板上的ATX接口和ATX主电源连接器

机箱的选购注意机箱是否有足够的扩展空间，结构是否稳固，外观美观等因素。

步骤9，选购键盘和鼠标。目前常使用的键盘和鼠标都是 USB 接口，这是一种即插即用的接口类型，并且支持热插拔。一般用户的工作对键盘和鼠标要求不高，用户可根据自己爱好进行选择。

步骤10，选购声卡和音箱。声卡是多媒体计算机必不可少的音频设备，担负着将计算机外的 MIC 送入的模拟信号转换为计算机中可以存储的数字音频信号和将计算机中数字音频信号转换为模拟声音信号的作用。声卡与主机箱连接一侧有 3 ~ 4 个插孔，通常是 Speak Out（音箱输出）、Line out（线路输出）、Line in（线路输入）、Mic In（麦克风输入）、Midi 和 GAME Port（MIDI 接口和游戏控制端口），如图 2-8 所示。如果对音响效果要求不高，可不外购声卡，直接使用主板集成的声卡即可。音箱是计算机中的发声装置，是将声卡送来的模拟音频信号放大并推动喇叭发出声音的外围设备。

图2-8　声卡

步骤11，填写装机配置清单。请用户将小组调研和讨论结果填在装机配置清单中，如表 2-3 所示。

综合技能训练二

个人计算机组装

表 2-3 　　　　　　　　　　　　装机配置清单

配件名称	配件型号	价格（单位：元）	备 注
CPU			
内存			
主板			
显卡			
硬盘			
显示器			
光驱			
机箱			
电源			
键盘			
鼠标			
		总计：_____元	

配置策略：_____

_____

小组交流

（1）对照实物，反复辨认计算机配件，要求能认清接口类型，能区分出相近部件的不同之处，小组成员间相互检查。

（2）根据用户需求，确定选购计算机配件的策略。根据自己掌握的知识，能否为用户选购一台笔记本电脑。

任务二　组装计算机硬件

在动手组装计算机前，应先学习相关的基本知识，包括硬件结构、日常使用的维护知识、常见故障处理、操作系统、常用软件安装等。在安装过程中，能够正确安装 CPU 和内存条；能够将主板牢固地安装到机箱中；能够正确安装机箱电源并正确连接各部件电源；能在机箱中固定好硬盘、光驱并连接数据线和电源线；能在对应的扩展槽中安装显卡等扩展卡；能将机箱面板上的指示灯、开关、前置 USB 接口等连线正确地连接到主板上；能将显示器、键盘和鼠标正确地连接到主机箱上。另外，也应该能够顺利、熟练地从主机箱中拆卸计算机的各个配件。

在计算机安装过程中，应注意防止静电，否则可能损坏设备。因此，在装机时应该使用防静

电工作台，或在工作台上铺设防静电桌垫并安装接地装置。在安装过程中应佩戴防静电腕带（另一端应接地）释放掉身上携带的静电，此外，在装配过程中应注意不碰触配件上的芯片。

用户在操作过程中应对每一个所完成的工作步骤进行记录和归档，以便最后编写组装报告。

安装计算机的基本步骤如下。

（1）在主板上安装 CPU 和内存条，在 CPU 上加装散热风扇。

（2）查看机箱底板上螺丝定位孔的位置，将主板安装到机箱中，并用螺钉紧固。

（3）安装机箱电源并连接主板电源。注意，此时不要连接市电。

（4）在机箱中固定好硬盘、光驱并连接数据线和电源线。

（5）在扩展槽中安装显卡等扩展卡。

（6）将机箱面板上的指示灯、开关、前置 USB 接口等连线正确的连接到主板上。

（7）能将显示器、键盘、鼠标和音箱正确地连接到主机箱接口上。

（8）初步检查与调试。

（9）加电测试。测试无问题，整理机箱内部线缆，安装机箱的侧面板。

（10）硬盘分区和格式化硬盘，并安装操作系统。

（11）安装操作系统后，安装显卡、网卡等设备的驱动程序。

（12）新装配的计算机，应该进行拷机测试，可检测出硬件在长时间工作下是否有问题。

步骤1，安装 CPU。 安装 CPU 时先拉起插座的手柄，然后将 CPU 放入插座中，注意 CPU 和 CPU 插槽上三角形标志对齐，然后把手柄按下，CPU 就被固定在主板上了。在 CPU 表面均匀涂抹一层散热硅脂，以增强散热效果，将 CPU 风扇的中心位置对准 CPU，然后将其放在上面，使用扣具固定风扇，连接风扇电压到主板插座。

前面介绍的 P35 主板采用的 CPU 插槽是 Socket 775 接口，此类 CPU 处理器底部没有传统的针脚，而代之的是 775 个触点，即并非针脚式而是触点式，通过与对应的 Socket 775 插座内的 775 根触针接触来传输信号，如图 2-9 所示。

步骤2，安装内存条。 先将内存插槽两侧的塑胶卡口打开（向外侧扳开），DDR2 DIMM 内存条上有一个凹槽，对应 DIMM 内存插槽上的一个凸棱，所以方向容易确定，如图 2-10 所示。将内存条垂直插入插槽，插入到合适位置时插槽两边的塑料卡口会自动闭合。取下内存条时，只要用力按下插槽两端的卡子，内存条就会被推出插槽了。

图2-9　主板上的Socket 775插座

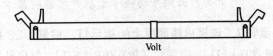

图2-10　DIMM内存插槽示意图

规格不同的内存上的凹槽数量和位置是不同的，不能混杂使用。

步骤 3，安装主板。 查看机箱底板上螺丝定位孔的位置，如图 2-11 所示。根据主板上定位孔的位置，在机箱底板上安装金属螺柱和塑料定位卡。将主板放入主板底座中，注意主板的外设接口要与机箱后对应的挡板孔位对齐。用螺丝固定好主板，一般固定 4 ~ 6 个位置。

 最好的方法是使用定位金属螺柱来固定主板，只有在无法使用定位金属螺柱时才使用塑料定位卡来固定主板。在选择固定方式时需要仔细查看主板。

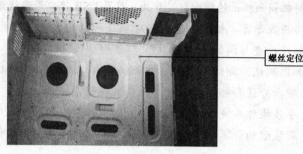

图2 11 机箱底板上螺丝定位孔的位置

步骤 4，安装机箱电源。 将电源放进机箱上的电源位置，并将电源上的螺丝固定孔与机箱上的固定孔对正。安装螺钉时，应遵循对角安装，逐步拧紧的原则，不要一次性把螺钉拧得过紧。将标识为 P1 的电源插头插到主板上相应的接口插座。

步骤 5，安装硬盘、光驱并连接数据线和电源线。 安装硬盘、光驱自带的滑槽，将硬盘、光驱安装到机箱内，连接 SATA 硬盘和主板之间的数据线，可参照图 2-5，最后连接电源线。

 有的机箱，硬盘和光驱是直接固定在插槽中。硬盘的两边各有两个螺丝孔，因此最好能拧上 4 个螺丝，并且在上螺丝时，4 个螺丝的进度要均衡，防止不对称。

 老式的 IDE 接口插座上，一般都有一个缺口和 IDE 硬盘线上的防插反凸块对应，以防止插反。

步骤 6，安装显卡等扩展卡。 首先从机箱后壳上移除对应插槽上的挡板及螺丝，将显卡对准插槽并确保插入插槽中，最后用螺丝刀将螺丝拧紧固定显卡。显卡、声卡、网卡等插卡式设备的安装大同小异。

 前面介绍的 P35 类型主板显卡插槽为 PCI-E x16，插槽的一端通常会有一个固定用的卡子。在安装显卡的时候，当显卡向下接触到卡子时，卡子会受力自动向外弹出，显卡安装到位时会自动将显卡扣住，起到固定显卡的作用。在拆除显卡时，必须手动将卡子拉开才能将显卡拔出。

步骤 7，连接机箱面板上的指示灯、前置 USB 接口等连线。 对照主板说明书，依次将硬盘灯（H.D.D LED）、电源灯（POWER LED）、复位开关（RESET SW）、电源开关（POWER SW）

和喇叭（SPEAKER）前置面板连线插到主板相应的接口中，如图 2-12 所示。对照主板说明书，连接前置 USB 的连接线。

步骤 8，连接显示器、键盘、鼠标、音箱接口。新型显示器使用 DVI 插头，老式的使用 15 针的 D 型接头，一般情况下是不容易插反的。现在的键盘、鼠标多用 USB 插头，容易连接。插接音箱与计算机背部的音源接口，在插接时请注意主板音源的绿色插座是输出，红色插座是输入（即麦克风插座）。

图2-12　机箱面板上的指示灯连接

步骤 9，初步检查及加电测试。计算机硬件系统安装完成后，应确认检查连线无误之后，才能通电进行测试。连接主机电源，若一切正常，系统将进行自检并报告显示卡型号、CPU 型号、内存数量、系统初始情况等。如果开机之后不能正常显示，请在教师指导下查找故障原因。

系统启动过程中，会有喇叭传出的鸣叫声，根据鸣叫声的次数和长短，可初步定位故障位置。

步骤 10，整理机箱内部线缆，安装机箱的侧面板。用尼龙扎带将电源线、面板开关、指示灯和驱动器信号排线等分别捆扎好，做到机箱内部线路整洁，有利于主机箱内的散热，如图 2-13 所示。最后安装机箱的侧面板。

图2-13　已完成硬件安装的机箱内部图

上述安装步骤是组装计算机的一般步骤，有的步骤先后顺序可以调换。对不熟悉装配操作的用户来说，还要通过配件的说明书或网络上的资料来指导操作。另外，在安装过程中还要防止静电对计算机部件的损坏。请在计算机装配实验的基础上完成一份装机报告。

任务三 安装操作系统

计算机硬件安装完毕后，需要设置 CMOS BIOS 启动顺序、磁盘分区、操作系统和驱动程序的安装，才能正常使用计算机系统。《计算机应用基础》配套教材中已经详细介绍了 Windows XP 的安装过程，本任务中重点介绍 CMOS BIOS 设置和磁盘分区的内容。

步骤 1，CMOS BIOS 设置。启动计算机，在通电自检时按下 Delete 键，进入 BIOS 设置，选择 Advanced BIOS Features 选项，如图 2-14 所示，选择"1st Boot Device"选项，将 CD-ROM 设置为第一启动设备。

步骤 2，硬盘分区。Windows XP 开始安装后进入安装界面。新装配的计算机硬盘没有使用过，进入选择"分区"界面，如图 2-15 所示。按照屏幕提示，按卜键盘上的 C 键后，弹出如图 2-16 所示的界面，在"创建磁盘分区大小"一栏中输入所需的大小，如果不作修改，就是将所有空间划分为一个分区。这里输入"20000"，即划分一个 20GB 的分区，然后按下 Enter 键。安装程序显示如图 2-17 所示的界面，成功划分了分区 1，系统自动命名为"C:"盘。将光标移动到"未划分的空间"上，用同样的方法创建分区 2，完成后如图 2-18 所示。

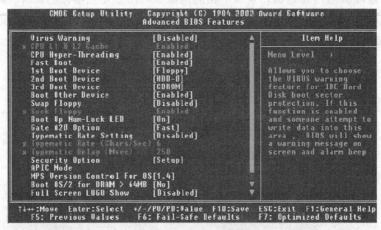

图2-14　CMOS BIOS设置

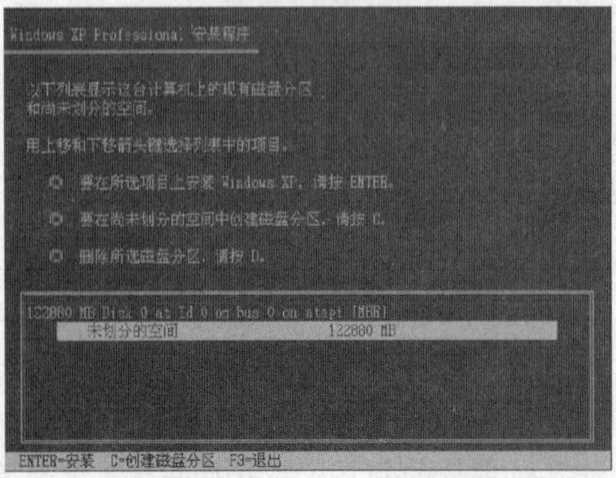

图2-15　120G硬盘未分区界面 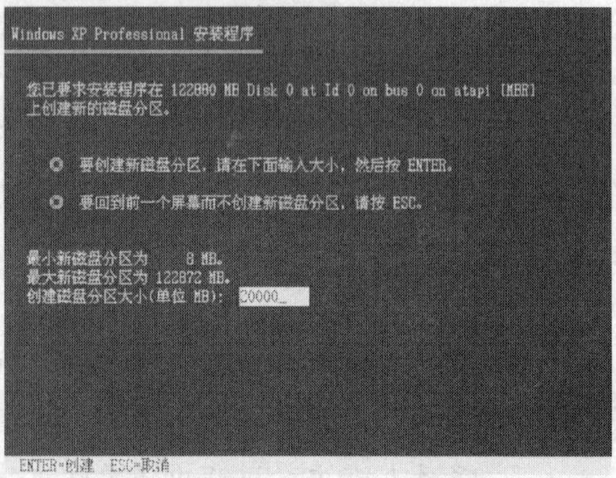　　　　图2-16　创建一个20G分区界面

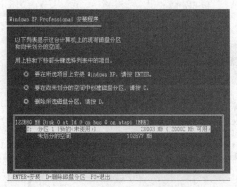
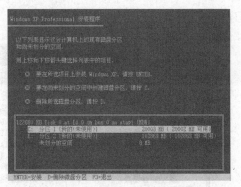

图2-17 创建第1个分区后的界面   图2-18 创建2个分区后的界面

目前使用的硬盘容量较大，最好划分为 2 个以上分区使用。C: 盘一般是系统盘，安装操作系统和应用软件，分区不宜过大。用户自己的程序、资料等文件可放在其他分区，分区数量和大小可以根据自己的需要定义。例如，用户需要在一个分区存放家庭娱乐影音、照片、游戏等文件，就需要一个较大空间的分区。一般来说，分区个数不宜过多。如果想删除分区，在图 2-18 所示的界面中移动光标，选中要删除的分区，按下键盘上的 D 键，即可删除分区。注意，一般删除分区的顺序要由后向前。

硬盘 FAT 32 分区是传统的分区模式，只能支持最大 32GB 的独立分区和最大 4GB 的虚拟内存。NTFS 分区是微软公司制订的一种新分区格式，可支持 2TB 的独立分区，同时具备了文件安全权限分配、分区压缩功能和数据还原功能。

步骤 3，Windows XP 操作系统文件复制与安装。硬盘分区和格式化完成后，安装程序开始复制安装文件，然后开始自动安装，整个过程约 40min。

步骤 4，安装主板驱动程序。一般情况下，安装完 Windows 系统以后，首先要安装主板的驱动程序，用来驱动主板上的芯片组。首先将光盘插入光驱，一般回自动弹出安装界面，选择安装驱动程序，安装完成后重新启动计算机。右键单击桌面图标"我的电脑"，选择"管理"命令，再选择"设备管理器"可查看计算机系统中是否有黄色的惊叹号，有黄色惊叹号标志说明该设备没有安装驱动。

主板、光驱、显卡、声卡、打印机、扫描仪等硬件或设备都随机带有自己一套驱动程序。驱动程序是添加到操作系统中的一小块代码，包含了有关硬件设备的信息。安装了驱动程序，硬件才能在计算机中正常工作。驱动程序是硬件厂商根据操作系统编写的配置文件，操作系统不同，硬件的驱动程序也不同。Windows XP 操作系统集成了部分硬件的驱动程序，在系统的安装过程中有的硬件驱动会自动安装好。如果驱动程序丢失，可在 Internet 上设备厂商网站或专门网站中下载。

步骤 5，安装其他驱动程序。新安装完操作系统的计算机启动后会自动提示安装设备驱动程序，即可根据步骤 4 的方法安装驱动。另外，还可以在如图 2-19 所示的界面中选择未安装驱动的设备，单击鼠标右键，选择"更新驱动程序"命令来安装驱动程序，该方法关键在于能定位驱动程序所在文件夹。

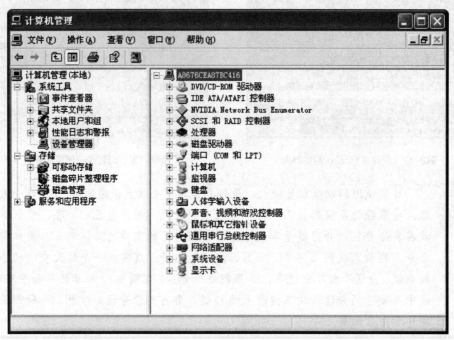

图2-19　设备管理器界面

　各种设备的驱动程序安装方法大同小异，请用户多尝试。

步骤6，运行测试。系统安装完成后，可通过应用软件运行是否正常对 Windows XP 操作系统进行简单测试。例如，安装好显卡驱动，请将系统桌面分辨率设置为 1 024 × 768 像素，颜色质量为"最高（32 位）"。

　在控制面板中选择"添加硬件"选项，打开"添加硬件向导"，使用这种方式如何为"即插即用显示器"安装驱动程序。安装驱动后查看设备管理器中相应位置信息的变化。

任务四　检测计算机系统

检测计算机系统有多种方法，在没有工具的情况下在开机自检中查看硬件配置，按下键盘上的 Pause 键可暂停启动画面，查看到主板、CPU、硬盘、内存、光驱、显卡等信息。另外，可以使用设备管理器、DirectX 诊断工具或 Windows 优化大师等第三方软件查看硬件配置。

步骤 1，下载及安装 Windows 优化大师。可以在 Internet 上下载优化大师的免费版软件，双击安装文件，运行安装文件，按照默认选项完成安装，如图 2-20 所示。

　　Windows 优化大师是一款功能强大的系统工具软件，提供了系统检测、系统优化、系统清理和系统维护 4 大功能模块。能够帮助用户了解计算机软硬件信息，简化操作系统设置步骤，维护系统的正常运转。

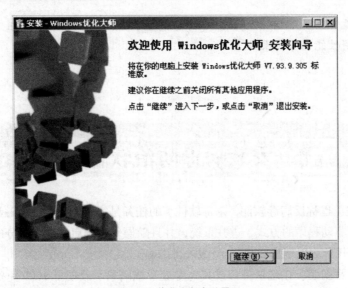

图2-20　优化大师安装界面

步骤 2，硬件信息总览。启动程序后将自动进入"系统检测"的"硬件信息总览"界面，如图 2-21 所示，在此可以检测计算机软硬件信息。

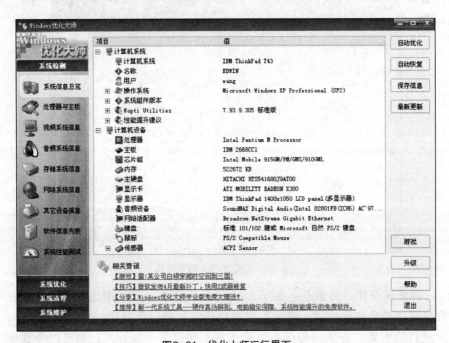

图2-21　优化大师运行界面

步骤3,自动优化。单击"自动优化"按钮,打开"自动优化向导"对话框,可按照提示生成自动优化方案,并优化系统。

步骤4,系统性能优化。选择程序界面中的"系统性能优化"按钮,可在磁盘缓存优化、桌面菜单优化等8个方面进行优化,用户可根据自己的计算机系统情况进行优化。

步骤5,系统性能测试。选择程序界面中的"系统检测"按钮,再打开"系统性能测试"界面,可进行总体性能评估、CPU和内存性能评估、显卡和内容性能评估等多项评估。

请优化用户个人组装的计算机,并进行各项性能测试。在小组中进行性能对比,并说明性能优劣的原因。

<h1>任务五　安装病毒防治软件</h1>

病毒防治软件(也称反病毒软件,杀毒软件)的任务是实时监控和扫描磁盘。部分反病毒软件通过在系统添加驱动程序的方式,进驻系统,并且随操作系统启动。大部分的杀毒软件还具有防火墙功能。在本任务中以瑞星2009免费版进行讲解。

步骤1,下载及安装。在瑞星公司或其他专业下载网站下载瑞星2009免费版,双击安装文件进行安装,安装完毕后重启计算机才能进入工作状态,如图2-22所示。

图2-22　瑞星2009免费版界面

步骤2,异步查杀和后台查杀。如图2-23所示,在杀毒菜单中选择杀毒位置就可以开始杀毒。杀毒时采用异步查杀模式,将病毒查杀与病毒处理完全分开。当查杀过程中发现病毒,并提示用户进行处理时,查杀进程仍将继续,不会耽误病毒的查杀,也可以等到整个查杀完

成之后，统一进行病毒的处理。在病毒查杀过程中，关闭杀毒软件界面时，瑞星 2009 便会弹出一个对话框，询问是"取消任务"还是"后台查杀"。后台查杀关闭当前界面，转移到系统后台，继续完成查杀任务。

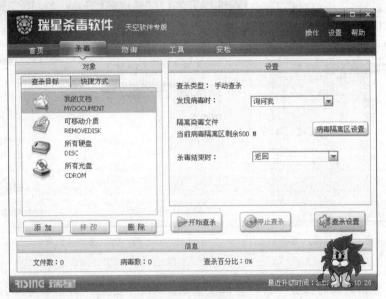

图2-23　杀毒界面

步骤 3，空闲时间查毒。打开设置窗口，在"查杀设置"选项中可以找到"空闲时段查杀"选项，可以同时添加多组定时任务，也可以利用屏幕保护的系统空闲时间，完成系统安全检查。

　　　尝试安装卡巴斯基、NOD、360 安全卫士等杀毒软件，实施杀毒，将杀毒记录写到实验报告中。

任务六　制作系统的备份

　　计算机运行过程中有时会无缘无故的死机、崩溃，中病毒而无法恢复，重新安装系统软件和应用软件需要几个小时，这时备份系统就显得尤为重要，使用备份恢复系统往往只需要几分钟时间。

　　Windows XP 操作系统具有系统还原功能，能自动进行智能备份，系统出现问题后，就可以把系统还原到创建还原点时的状态。首先，需要确定系统属性的"系统还原"选项卡中，没有关闭系统还原，如图 2-24 所示，选择"开始"/"程序"/"附件"/"系统工具"/"系统还原"命令，打开"系统还原"对话框如图 2-25 所示，可根据提示进行备份或还原操作。

　　目前，Ghost 是备份和恢复系统的工具软件。最常用的方式是在 DOS 状态下执行，进行系统备份和还原。Ghost 可以把一个磁盘或磁盘分区上的全部内容复制到另外一个磁盘或分区上，也可以把磁盘或分区的内容复制为一个磁盘的镜像文件，以后可以恢复系统。在本任务中，将启动

分区（C: 盘）制作镜像文件，然后存放到第 2 个分区（D: 盘）。

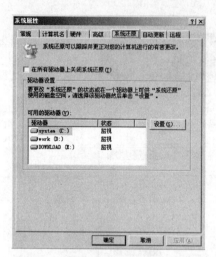

图2-24　系统属性中"系统还原"选项卡

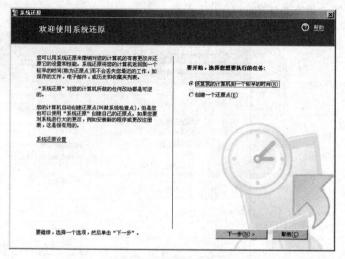

图2-25　系统还原命令

在前面的任务中，计算机硬盘划分为 2 个分区，第 1 个分区 20GB（C:）和第 2 个分区 100GB（D:）。

步骤 1，使用 Ghost 程序的启动盘。用户可以从 Internet 下载 Ghost 工具盘，并刻录在光盘上使用。使用 Ghost 程序的启动盘启动计算机，并进入 Ghost 软件界面，如图 2-26 所示。

步骤 2，打开选择硬盘对话框。选择"Local"/"Partition"/"To Image"命令，如图 2-27 所示，弹出选择硬盘对话框，如图 2-28 所示。

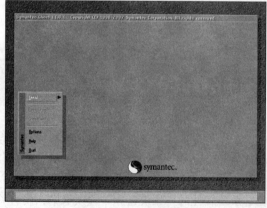

图2-26　Ghost软件界面1

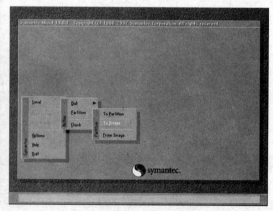

图2-27　Ghost软件界面2

因为计算机中只安装了一块硬盘，所以窗口中只显示一条信息。此时，也不能使用磁盘备份的选项。

步骤3,生成镜像文件。在选择分区对话框中，先选择源分区（Source Partition），即 C: 盘；然后选择映像文件存放的文件夹，并给文件命名，如图 2-29 所示。确认后将生成镜像文件。

  系统备份盘的容量不能小于源分区的容量，否则无法备份。

步骤4,还原映像文件。使用 Ghost 系统启动盘启动计算机系统后，在相应界面中，选择"From Image"选项，先选择镜像文件，然后选择目标分区为 C: 盘。

图2-28　Ghost软件界面3

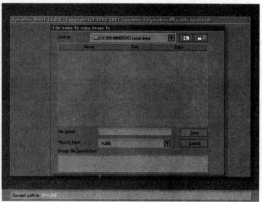

图2-29　Ghost软件界面4

  系统自镜像文件复原后，自备份后对系统盘（C: 盘）所做的修改全部丢失。

  使用 Ghost 软件进行系统备份和还原需要一定技术，请注意认清备份和还原时源分区和目的分区的分别。

评价交流

针对以上的所有项目任务，请用户按照下评分表进行自评或小组打分。教师可随机出题测试学生，将打分结果也加入评分表。

学生自评表

被测人姓名：

序　号	评 分 内 容	总　分	得　分	备　注
1	能通过不同渠道获取计算机硬件基本资料，填写的装机配置清单合理，无明显错误	10		
2	能识别计算机硬件并检查是否完好	5		
3	能正确安装 CPU 和散热风扇	10		
4	能正确安装内存条	10		
5	能正确安装主板	10		
6	能正确安装机箱电源	10		
7	能正确安装硬盘、光驱及数据线、电源线	10		
8	能正确安装扩展卡	10		
9	能正确连接外部设备	5		
10	能正确安装操作系统及设备驱动程序	10		
11	能正确安装和使用应用软件	10		
12	在装机过程中没有使用防静电工作台	-10		
13	在装机过程中没有佩戴防静电腕带或无接地	-10		
14	在装机过程中碰触设备芯片	-10		
15	在装机过程中或排除问题时没有切断市电	-10		
16	机箱内数据线、电源线没有捆扎或捆扎不合理	-5		

自我评价：（根据评分项目真实评价自己的操作）　　　　　　　　　　　　总分：_____

拓展训练　计算机组装竞赛

1. 竞赛安排

要求：

在小组之间组织一场装机竞赛，每组派 1 人参加计算机组装竞赛。小组内其他同学担任评委，交叉组合对竞赛人给予打分。打分表可参照学生自评表制订。

2. 竞赛任务

要求：

将提供的零散计算机部件组装成一台个人计算机，并在此计算机上安装 Windows XP Professional 操作系统和相关硬件的驱动程序，计算机系统各部件能正常地运行，并对安装过程中出现的各种故障进行正确处理；同时对计算机一些常见的软件故障和硬件故障能正确地进行维护，并及时解决问题。

综合技能训练三

办公室（家庭）网络组建

随着现代科学技术的发展以及计算机技术与通信技术的结合，人们已经不再满足原有的办公方式，SOHO（Small Office, Home Office）逐渐成为目前办公的潮流。SOHO 办公的核心就是办公局域网的搭建，通过小型办公局域网，人们可以实现无纸化办公，极大地提高办公效率。本技能训练主要讲述基于 Server 2003 服务器下 Windows 对等网的搭建过程。

任务描述

你是中职院校网络专业的学生，正在公司实习，公司新购买了两台计算机（一台服务器、一台客户机）和一台打印机，用交换机进行互连。其中服务器连接交换机的 f0/5 端口，放在网控中心，打印机和服务器相连，PC 连接交换机的 f0/6 端口，放在人事部门，如图 3-1 所示。最终要实现两台计算机之间的资源互访和网络打印功能，请你设计解决方案。

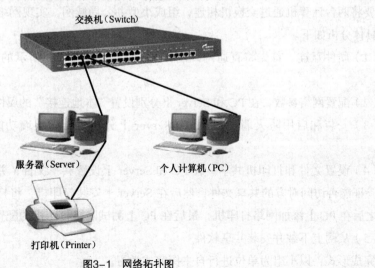

图3-1 网络拓扑图

 技能目标

- 学会配置、连接并检测计算机网络。
- 学会设置和检测计算机的 IP 地址。
- 学会安装和启用防火墙。
- 学会设置文件和设备的共享。
- 学会下载并安装共享软件。

 环境要求

- 硬件：两台计算机、一台打印机、一台交换机、双绞线、水晶头、网线钳、网线测试仪。
- 软件：一台装有 Windows Server 2003 操作系统（包含系统安装光盘），另外一台装有 Windows XP 操作系统。
- 网络配置参数如下。Server：192.168.10.10。

  PC：192.168.10.20。

  子网掩码：255.255.255.0。

  网关：192.168.10.1。

  首选 DNS 服务器：202.96.64.68。

  备用 DNS 服务器：202.96.69.38。

  Server 的计算机名称：Server2003。

  PC 的计算机名称：Computer。

  工作组：网控中心。

 任务分析

要将两台计算机通过交换机相连，组成小型办公局域网，实现网络资源的互访和网络打印功能。具体分析如下。

（1）硬件互连。首先将直通网线制作好，然后根据图 3-1 所示的网络拓扑要求实现硬件的互连。

（2）配置网络参数。在 PC 和 Server 上分别设置"本地连接"的属性，并且测试网络的连通性。

（3）安装和启用防火墙。在 PC 和 Server 上分别开启防火墙功能从而保证网络通信的安全性。

（4）设置文件和打印机共享。在 PC 和 Server 上设置共享文件，并且在 PC 和 Server 上分别测试验证能否访问对方的共享文件，然后在 Server 上安装打印机，将打印机配置为网络共享打印机，之后在 PC 上添加网络打印机，最后在 PC 上测试网络打印机的配置正确性。

（5）从网上下载并安装共享软件。

完成形式：以小组为单位进行自主探究式学习。

任务一　硬件互连

在本次任务中，主要完成双绞线的制作，并且用测试仪验证双绞线的连通性，然后用双绞线连接计算机和交换机，最后将打印机与服务器连接好。

 准备知识　双绞线的线序有两种标准。T568A 标准的线序是：白绿、绿、白橙、蓝、白蓝、橙、白棕、棕。T568B 标准的线序是：白橙、橙、白绿、蓝、白蓝、绿、白棕、棕。

步骤 1，制作直通网线。用网线钳制作两根直通网线，并且用网线测试仪进行测试。

步骤 2，按照图 3-1 所示将硬件进行连接。

任务二　配置网络参数并测试

要实现网络资源的互访和网络打印功能，必须正确配置网络参数，从而保证网络连通。在本次任务中，具体要完成的就是分别设置 PC 端和 Server 端的相应网络参数，然后测试二者之间的连通性。

知识回顾　在《计算机应用基础》配套教材中已经学习了如何配置计算机的 IP 地址，即设置"本地连接"的属性，读者可自行复习有关内容。

（一）PC 端设置

步骤 1，在桌面"网上邻居"图标上右击鼠标，选择"属性"命令，弹出"网络连接"窗口，如图 3-2 所示。

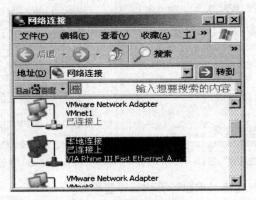

图3-2　"网络连接"窗口

步骤 2，在"本地连接"图标上右击鼠标，选择"属性"命令，弹出"本地连接属性"窗口，如图 3-3 所示。

步骤3，选中"Internet 协议（TCP/IP）"选项，然后单击"属性"按钮，在弹出的"Internet 协议（TCP/IP）属性"窗口中填写相应信息，最后单击"确定"按钮，如图 3-4 所示。

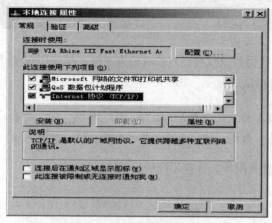

图3-3 "本地连接属性"窗口

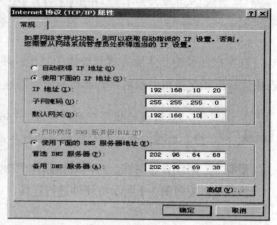

图3-4 "Internet协议（TCP/IP）属性"窗口

 提示 更改计算机名称和工作组需要对"系统属性"进行设置，详见步骤4与步骤5。

步骤4，在桌面"我的电脑"图标上右击鼠标，在快捷菜单中选择"属性"命令，弹出"系统属性"设置窗口，单击"计算机名"标签，单击"更改"按钮，如图 3-5 所示。

步骤5，在弹出的界面中输入计算机名"Computer"和工作组"网控中心"，如图 3-6 所示。

图3-5 "系统属性"窗口

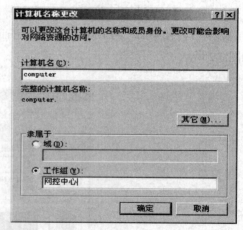

图3-6 更改计算机名称和工作组

步骤6，单击"确定"按钮，重启计算机后设置生效。

（二）Server 端设置

重复上述过程完成 Server 端的设置。将图 3-4 中的 IP 地址改为 192.168.10.10，将图 3-6 中的计算机名改为 Server 2003。

准备知识 测试网络连通性的命令是“ping”命令，用法是在 DOS 窗口界面提示符下输入“ping + 测试的 IP 地址”。

（三）测试网络连通性

步骤 1， 在 PC 的桌面任务栏上单击“开始”按钮，选择“运行”命令，在运行的输入框中输入“cmd”命令，然后单击“确定”按钮，如图 3-7 所示。

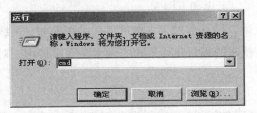

图3-7 运行窗口

步骤 2， 在出现的 DOS 窗口中，输入“ping 192.168.10.10”命令，如果出现如图 3-8 所示的界面，则网络是连通的。

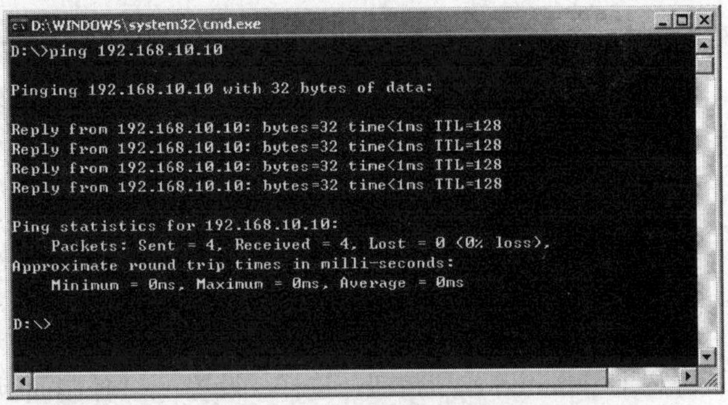

图3-8 PC上测试网络连通性

步骤 3， 在 Server 机上重复上述过程，输入“ping 192.168.10.20”命令，如果出现如图 3-9 所示的界面，则网络是连通的。

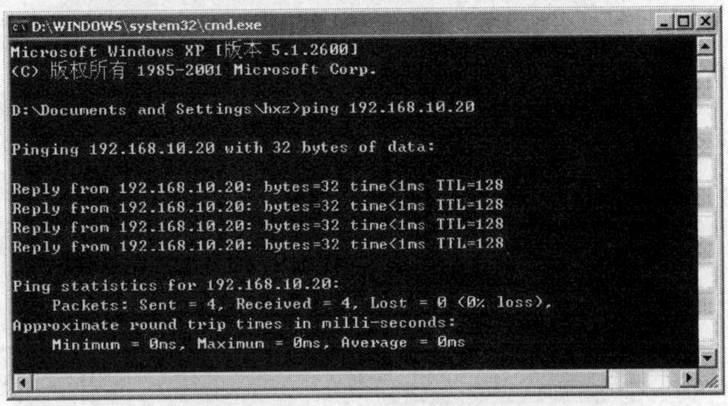

图3-9 Server上测试网络连通性

步骤 4， 如果出现如图 3-10 所示的界面，则说明网络是不连通的。

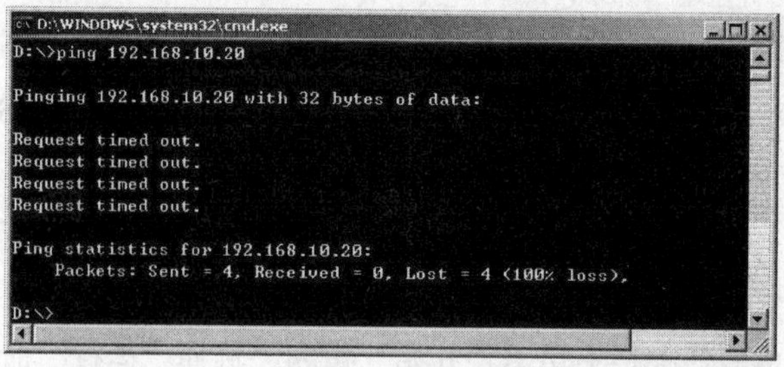

```
D:\WINDOWS\system32\cmd.exe

D:\>ping 192.168.10.20

Pinging 192.168.10.20 with 32 bytes of data:

Request timed out.
Request timed out.
Request timed out.
Request timed out.

Ping statistics for 192.168.10.20:
    Packets: Sent = 4, Received = 0, Lost = 4 (100% loss),

D:\>
```

图3-10　网络不连通

提示：网络不连通时可以考虑如下因素。

网络参数配置是否正确，网线和网卡之间的连接是否松动，网线是否连通，网线和交换机之间的连接是否松动，交换机的端口是否好用、网卡是否被禁用，对方计算机的防火墙是否设置为"禁止 ping 入"。

任务三　安装和启用防火墙

在 Windows 操作系统中，默认为所有网络和 Internet 启用 Windows 防火墙。Windows 防火墙有助于保护计算机，以免遭受 Internet 入侵。您还可以安装自己选择的防火墙。

资源链接　查看 Windows 防火墙的帮助文档，了解防火墙的工作原理和设置方法。

（一）启用 Windows 防火墙

步骤 1，在桌面任务栏上单击"开始"按钮，选择"设置" / "控制面板"命令，在控制面板窗口中双击"Windows 防火墙"图标，打开 Windows 防火墙，如图 3-11 所示。

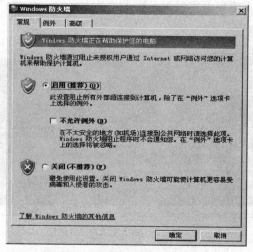

图3-11　"Windows防火墙"界面

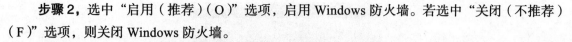

步骤 2，选中 "启用（推荐）（O）" 选项，启用 Windows 防火墙。若选中 "关闭（不推荐）（F）" 选项，则关闭 Windows 防火墙。

步骤 3，单击 "例外" 标签，然后单击 "添加程序" 按钮，可以添加让 Windows 防火墙信任的应用程序；单击 "添加端口" 按钮，可以添加让 Windows 防火墙信任的端口以进行网络通信；单击 "编辑" 按钮，可以更改与 Windows 防火墙信任的应用程序通信的范围；单击 "删除" 按钮，可以删除 Windows 防火墙信任的应用程序，如图 3-12 所示。

步骤 4，单击 "高级" 标签，可以为选定的连接启用 Windows 防火墙，并且可以为选定的连接单独添加例外，如图 3-13 所示。

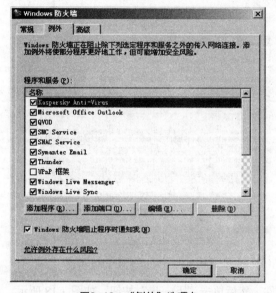

图3-12 "例外"选项卡

图3-13 "高级"选项卡

（二）安装瑞星个人防火墙

步骤 1，双击安装文件，如图 3-14 所示。

图3-14 运行安装程序

步骤 2，在弹出的界面中选择 "中文简体" 选项，然后单击 "确定" 按钮，如图 3-15 所示。

步骤 3，出现瑞星个人防火墙安装向导界面，然后单击 "下一步" 按钮，如图 3-16 所示。

步骤 4，在弹出的界面中选择 "我接受（A）" 选项，然后单击 "下一步" 按钮，如图 3-17 所示。

图3-15　选择安装语言

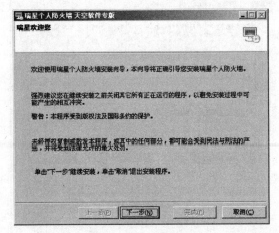

图3-16　运行安装向导

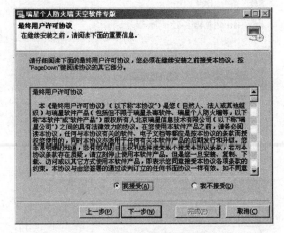

图3-17　选择最终用户许可协议

步骤5，在弹出的界面中选择防火墙安装的组件，然后单击"下一步"按钮，如图3-18所示。

步骤6，在弹出的界面中选择防火墙安装路径，然后单击"下一步"按钮，如图3-19所示。

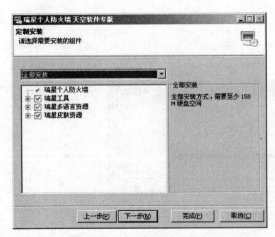

图3-18　选择安装组件

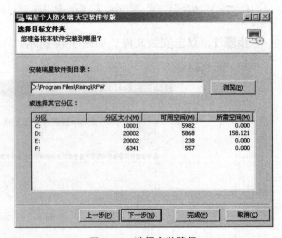

图3-19　选择安装路径

步骤7，在弹出的界面中设置防火墙的开始菜单文件夹和程序快捷方式，然后单击"下一步"按钮，如图3-20所示。

步骤 8, 在弹出的界面中单击"下一步"按钮, 如图 3-21 所示。

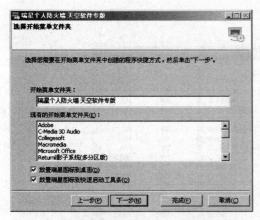

图3-20　创建开始菜单文件夹和程序快捷方式

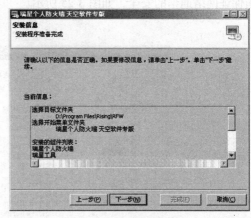

图3-21　准备安装

步骤 9, 出现开始安装的界面, 如图 3-22 所示。

步骤 10, 出现完成安装界面, 如图 3-23 所示。

图3-22　开始安装

图3-23　完成安装

步骤 11, 防火墙运行主界面如图 3-24 所示。

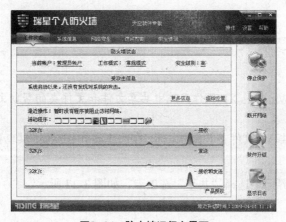

图3-24　防火墙运行主界面

步骤12，单击主程序运行界面中右上角的"设置"按钮，可以详细地设置防火墙的相关参数，从而保证网络通信的安全，如图3-25所示。

图3-25　配置防火墙

任务四　设置文件和打印机的共享

在局域网中，如果希望将自己计算机上的内容以网络资源的形式提供给网络中的其他用户使用，需要通过共享文件夹的方式来实现。如果要实现打印机的共享，需要设置网络共享打印机。

一、文件共享

（一）设置 PC 端文件共享

查看 Windows XP 操作系统中共享文件和文件夹的帮助文档，了解设置方法。

步骤1，在欲设置共享的文件夹上右击鼠标，在快捷菜单中选择"共享和安全"命令，如图3-26所示。

步骤2，在弹出的界面中选择"共享"选项卡，如图3-27所示。

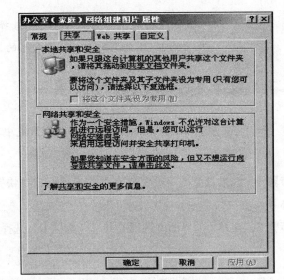

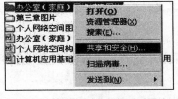

图3-26 选择"共享和安全"命令

图3-27 "共享"选项卡

步骤3，单击"如果您知道在安全方面的风险，但又不想运行向导就共享文件，请单击此处"链接，在弹出的界面中选择"只启用文件共享"选项，并单击"确定"按钮，如图3-28所示。

步骤4，在弹出的界面中选择"在网络上共享这个文件夹（S）"选项，即可共享文件夹，如图3-29所示。

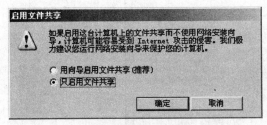

图3-28 选择"只启用文件共享"方式

图3-29 共享文件夹

可以选择"允许网络用户更改我的文件（W）"选项，实现对共享文件的读写、删除等操作。

步骤5，单击"确定"按钮完成设置。

步骤6，在Server端，双击桌面上的"网上邻居"图标，在弹出的界面中双击"Workgroup"图标，然后双击"Computer"图标即可访问PC端共享的文件，如图3-30所示。

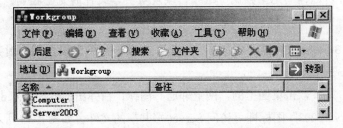

图3-30 在Server端通过"网上邻居"访问PC端的共享文件

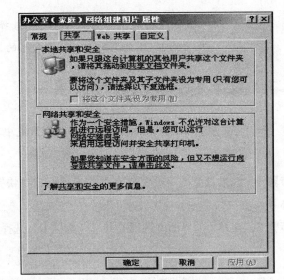

　　单击桌面任务栏上"开始"按钮，选择"运行"命令，在弹出的运行对话框中输入 \\192.168.10.20 也可访问 PC 端共享的文件。

（二）设置 Server 端文件共享

　　查看 Windows Server 2003 操作系统中共享文件和文件夹的帮助文档，了解设置方法。

　　步骤 1，在欲设置共享的文件夹上右击鼠标，在快捷菜单中选择"共享和安全"命令，参照图 3-26 所示。

　　步骤 2，在弹出的界面中选择"共享"选项卡，选择"共享此文件夹（S）"单选钮，如图 3-31 所示。

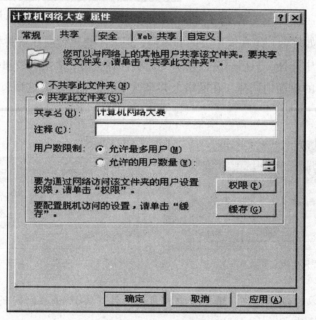

图3-31　"共享"选项卡

　　步骤 3，单击"权限"按钮，在弹出的界面中设置共享文件夹的权限，默认为"读取"权限，如图 3-32 所示。

　　可以选择"完全控制"选项，实现对共享文件的完全控制；或者选择"更改"选项，实现对共享文件的更改操作。

　　步骤 4，在图 3-31 所示的界面中选择"安全"选项卡，可以设置用户对共享文件夹的高级权限操作，如图 3-33 所示。

　　步骤 5，在 PC 端，双击桌面上的"网上邻居"图标，在弹出的界面中双击"Workgroup"图标，然后双击"Server2003"图标即可访问 Server 端共享的文件，如图 3-34 所示。

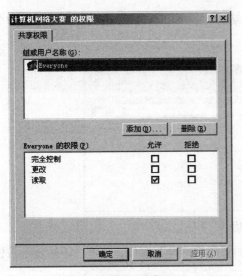

图3-32 设置共享权限

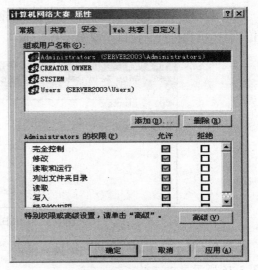

图3-33 设置高级权限

图3-34 在PC端通过"网上邻居"访问Server的共享文件

技巧 单击桌面任务栏上的"开始"按钮，选择"运行"命令，在弹出的"运行"对话框中输入 \\192.168.10.10 也可访问 Server 端共享的文件。

说明 如果在办公室或家庭中设置小型办公网络，可以单击图 3-34 所示的"设置家庭或小型办公网络"链接，然后根据向导配置；如果在办公室或家庭中组建无线网络可以单击图 3-34 所示的"为家庭或小型办公室设置无线网络"链接，然后根据向导配置。

二、设置打印机共享

（一）设置 Server 端共享打印机

资源链接 查看 Windows Server 2003 操作系统中共享打印机的帮助文档，了解设置方法。

步骤1，在桌面任务栏上单击"开始"按钮，选择"设置"/"打印机和传真（P）"命令，弹出"打印机和传真"窗口，如图3-35所示。

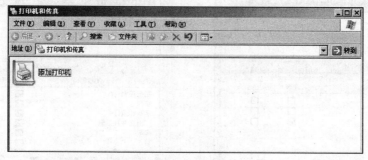

图3-35　"打印机和传真"窗口

步骤2，双击"添加打印机"图标，弹出"添加打印机向导"窗口，单击"下一步"按钮，如图3-36所示。

步骤3，在弹出的界面中选择"连接到此计算机的本地打印机（L）"选项，然后单击"下一步"按钮，如图3-37所示。

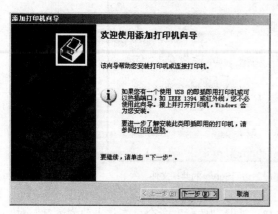

图3-36　"添加打印机向导"窗口

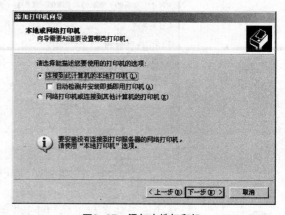

图3-37　添加本地打印机

步骤4，在弹出的界面中选择"使用以下端口（U）"选项，并选择"LPT1：（推荐的打印机端口）"选项，然后单击"下一步"按钮，如图3-38所示。

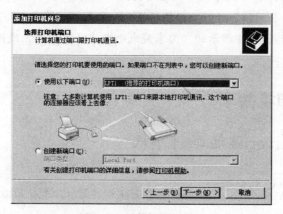

图3-38　选择打印机端口

步骤 5， 在弹出的界面中选择打印机的厂商和型号，如安装 EPSON LQ-1600KIII 打印机，然后单击"下一步"按钮，如图 3-39 所示。

如果添加的打印机在列表中没有，可以单击"从磁盘安装（H）"按钮，从厂商提供的光盘上选择打印机安装文件。

步骤 6， 在弹出的界面中设置打印机的名称为"EPSON LQ-1600KIII"，并设置此打印机为默认打印机，然后单击"下一步"按钮，如图 3-40 所示。

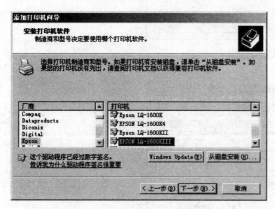
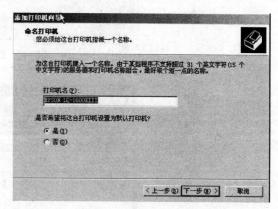

图3-39　选择打印机的厂商和型号　　　　图3-40　设置打印机名称

步骤 7， 在弹出的界面中选择"共享名"选项，并设置共享的名称为"EPSON"，然后单击"下一步"按钮，如图 3-41 所示。

步骤 8， 在弹出的界面中输入共享打印机的位置和注释信息，然后单击"下一步"按钮，如图 3-42 所示。

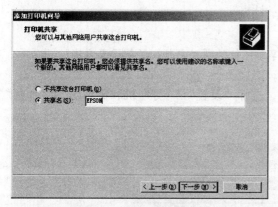
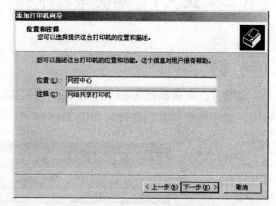

图3-41　设置打印机共享名称　　　　图3-42　输入共享打印机描述信息

步骤 9， 在弹出的界面中选择"是"选项，进行打印测试页操作，然后单击"下一步"按钮，如图 3-43 所示。

步骤 10， 最后单击"完成"按钮完成设置，在"打印机和传真"窗口中出现新添加的共享打印机，如图 3-44 所示。

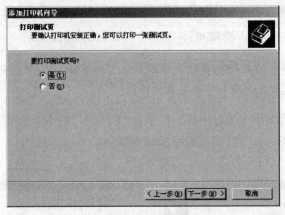

图3-43　打印测试页

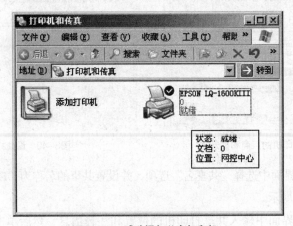

图3-44　成功添加共享打印机

（二）设置 PC 端共享打印机

 查看 Windows XP 操作系统中共享打印机的帮助文档，了解设置方法。

步骤1， 在桌面任务栏上单击"开始"按钮，选择"设置"/"打印机和传真（P）"命令，弹出"打印机和传真"窗口，如图 3-45 所示。

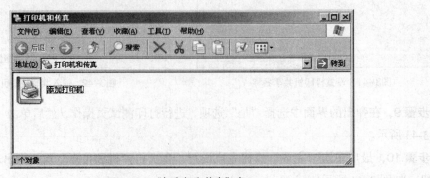

图3-45　"打印机和传真"窗口

步骤2，双击"添加打印机"图标，弹出"添加打印机向导"窗口，然后单击"下一步"按钮，如图3-46所示。

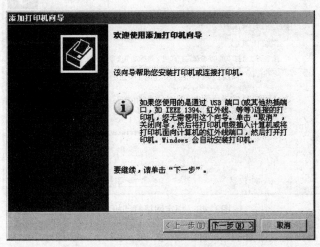

图3-46　"添加打印机向导"窗口

步骤3，在弹出的界面中选择"网络打印机或连接到其他计算机的打印机（E）"选项，然后单击"下一步"按钮，如图3-47所示。

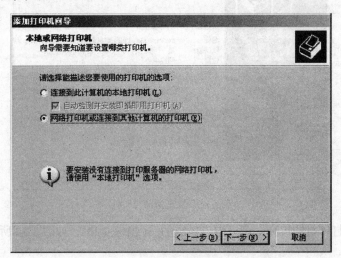

图3-47　添加网络打印机

步骤4，在弹出的界面中选择"连接到这台打印机（或者浏览打印机，选择这个选项并单击"下一步"）（C）"选项，在名称输入框中输入网络打印机的名称 \\Server2003\epson，然后单击"下一步"按钮，如图3-48所示。

　Server2003是服务器的名称，epson是打印机的共享名称。

　也可以选择"浏览打印机（W）"选项，在弹出的界面中选择网络打印机。

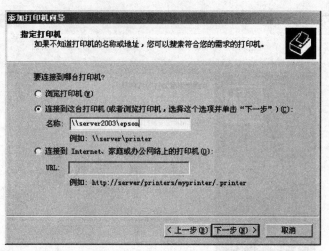

图3-48　指定网络打印机名称

步骤5，出现"正在完成添加打印机向导"界面，如图 3-49 所示。

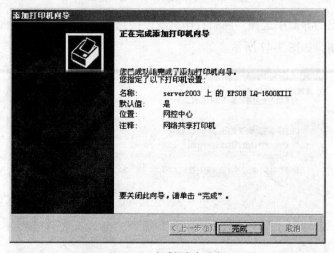

图3-49　完成添加打印机

步骤6，在"打印机和传真"窗口中出现添加的网络打印机，如图 3-50 所示。

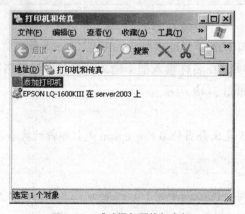

图3-50　成功添加网络打印机

步骤 7, 在 PC 上打开一篇 Word 文档,单击菜单栏中"文件"菜单,选择"打印"命令,如图 3-51 所示。

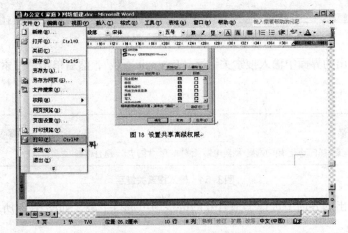

图3-51 选择"打印"命令

步骤 8, 在弹出的"打印"设置窗口中的"名称"下拉列表框中选择网络打印机为"\\server2003\EPSON LQ-1600KIII",单击"确定"按钮即可打印,如图 3-52 所示。

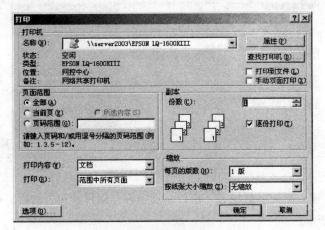

图3-52 选择网络打印机

任务五 下载并安装共享软件

共享软件文件不大,但是功能完善,与操作系统有一定程度的集成,所以需要安装才能使用。我们经常下载使用的软件多属此类,如 WinZip、WinRAR、Foxmail、QQ、MSN 等。下面以 Foxmail 的下载和安装为例进行讲解。

(一) 下载 Foxmail 软件

步骤 1, 启动迅雷软件,然后单击工具栏上的"资源"链接图标,如图 3-53 所示。

图3-53　单击"资源"链接图标

步骤2, 在弹出的界面中输入搜索关键字"Foxmail 下载",然后单击"搜索"按钮,如图 3-54 所示。

图3-54　输入搜索关键字

步骤3, 在弹出的界面中选择一个有效的链接即可进行下载,如图 3-55 所示。

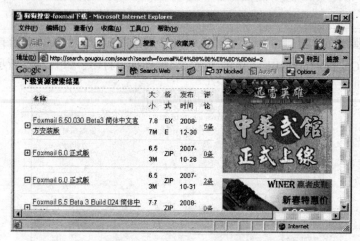

图3-55　选择下载链接

步骤4, 弹出"建立新的下载任务"窗口,设定好存储目录和名称后,单击"确定"按钮即可下载,如图 3-56 所示。

图3-56　"建立新的下载任务"窗口

步骤5, 下载界面如图 3-57 所示。

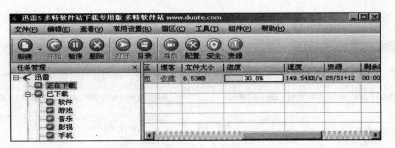

图3-57 下载界面

（二）安装 Foxmail 软件

步骤1, 双击安装文件，出现安装向导对话框，如图3-58所示。

步骤2, 单击"下一步"按钮，在弹出的界面中选择"我接受此协议"选项，如图3-59所示。

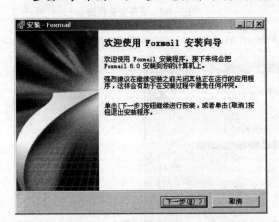

图3-58 安装向导对话框

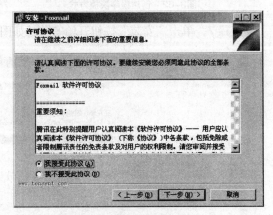

图3-59 选择接受协议

步骤3, 单击"下一步"按钮，在弹出的界面中选择安装路径，如图3-60所示。

步骤4, 单击"下一步"按钮，在弹出的界面中选择创建程序快捷方式的位置，如图3-61所示。

图3-60 选择安装路径

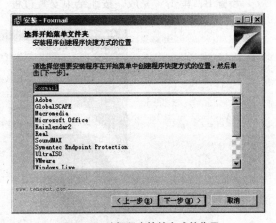

图3-61 选择程序快捷方式的位置

步骤5, 单击"下一步"按钮，创建快捷方式，如图3-62所示。

步骤6，单击"下一步"按钮，出现准备安装的界面，如图 3-63 所示。

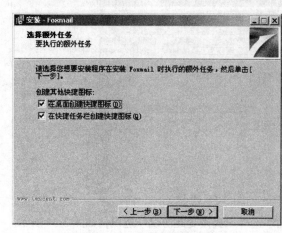

图3-62　创建程序快捷方式

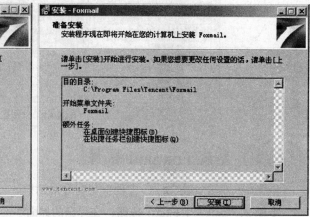

图3-63　准备安装界面

步骤7，单击"安装"按钮开始安装，如图 3-64 所示。

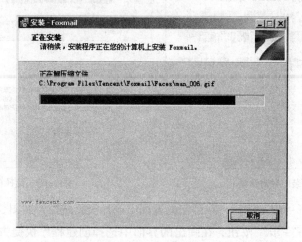

图3-64　开始安装

步骤8，单击"完成"按钮结束安装过程，如图 3-65 所示。

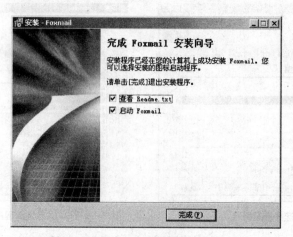

图3-65　完成安装

学生自评表

	任务完成情况	经验总结	小组讨论发言
硬件互连			
配置网络参数并测试			
安装和启用防火墙			
设置文件和打印机的共享			
下载并安装共享软件			

拓展训练一　以用户名和密码方式访问共享文件

要求：

在 PC 上访问 Server 上的共享资源时，必须输入用户名"Student"和密码"Student"才可以访问。

提示：

设置共享资源时，默认情况下所有的用户即"everyone"都可以访问，要想实现输入用户名和密码的方式访问共享资源，需要考虑如下问题：

如何删除"everyone"用户；

如何创建"Student"用户；

如何在共享权限中添加"Student"用户。

拓展训练二　FTP 服务器的应用

要求：

在 Windows Server 2003 操作系统中安装并配置 FTP 服务器，然后在系统中添加两个

用户，名称分别是 up 和 down，以 up 用户登录服务器的时候，只能实现文件的上传不能下载，以 down 用户登录服务器的时候，只能实现文件的下载不能上传，服务器不提供匿名访问功能。

提示：

步骤 1， FTP 服务器组件的安装。

在桌面任务栏上单击"开始"按钮，选择"设置"/"控制面板"命令，在弹出的窗口中双击"添加或删除程序"图标，然后单击"添加/删除 Windows 组件"按钮，选择"应用程序服务器"/"Internet 信息服务（IIS）"/"文件传输协议（FTP）服务"选项，如图 3-66 所示。

步骤 2， 添加用户。

在桌面"我的电脑"图标上右击鼠标，在快捷菜单中选择"管理"命令，在弹出的"计算机管理"窗口中创建用户，如图 3-67 所示。

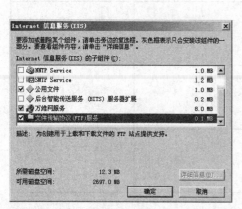

图3-66　选择"文件传输协议（FTP）服务"选项

图3-67　创建用户

步骤 3， 创建 FTP 站点主目录和用户对应的主目录。

在相应盘符中（如 D 盘中）创建一个文件夹，名称是 ftp（作为站点主目录），然后在 ftp 文件夹中再创建一个名称为 localuser 的文件夹，然后在 localuser 文件夹内部再创建两个文件夹，名称分别是 up 和 down（对应 up 用户和 down 用户的主目录）。

　　站点主目录的名称 ftp 可以任意取，但是 localuser 文件夹的名称以及 up 用户和 down 用户对应的主目录名称不能取成其他的名称。

步骤 4， 创建 FTP 服务器。

打开"Internet 信息服务（IIS）管理器"，在主界面中"FTP 站点"文件夹上右击鼠标，在快捷菜单中选择"新建"/"FTP 站点"命令，然后根据向导创建，如图 3-68 所示。

　　在创建 FTP 站点过程中，注意选择"隔离用户"选项，从而使不同用户的 FTP 主目录相互隔离。

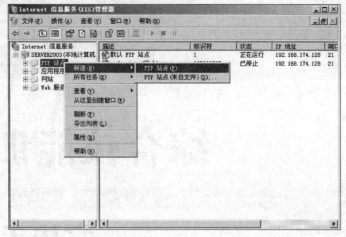

图3-68　新建FTP站点

步骤5， FTP 服务器权限的设置。

在新创建的 FTP 站点上右击鼠标，在快捷菜单中选择"权限"命令，然后将 up 和 down 两个用户添加到能够操作此 FTP 站点的用户列表中，并进行权限的设置，如图 3-69 所示。

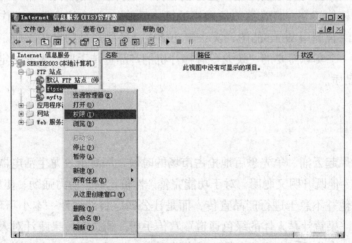

图3-69　设置权限

down 用户的"读取"权限设置为"允许"，"写入"权限设置为"拒绝"；up 用户的"写入"权限设置为"允许"，"特殊权限"中的"遍历文件夹/运行文件、列出文件夹/读取数据、删除子文件夹及文件、删除" 4 个权限设置为"拒绝"。

步骤6， 在 PC 端以 up 和 down 两个用户分别登录 FTP 服务器进行验证。

用户权限为什么要像"难点提示"中那样设定？设置成其他的权限会有什么样的结果？

综合技能训练四

宣传手册制作

Word 是 Microsoft 公司的拳头产品，是办公软件"三件套"的核心软件。利用 Word 不但可以进行文字处理，还能够完成日常简单的表格计算。目前，Word 的软件基础作用日臻完善。在实际工作中，经常综合利用 Word 的图、文、表功能设计一些产品的宣传手册。例如，在本技能训练中，通过制作一个实际需要的"蛟龙"牌榨汁机的产品宣传手册，大家一定会真真切切地感觉到 Word 优异的品质。

 任务描述

在果蔬榨汁机风起云涌、争先恐后地抢占市场的时候，深海市蛟龙生活电器制造有限公司年轻的总经理上任了。他既开明又聪明，对于功能完善、性价比高、动力强劲、使用方便的"蛟龙"牌榨汁机的诞生，他并不急于进行产品宣传，而是让公司广告部设计一本小巧玲珑、图文并茂、格式新颖的主题为"果蔬汁是人体的绿色通道"宣传手册。通过宣传果蔬汁对人体的好处，一方面让人们注意科学饮食，另一方面让人们对蛟龙公司产生好感。请你与本组同学扮演广告部的员工，通过分析领导的意图，完成手册的设计工作，然后，具体制作手册，并打印 3 本样册交给领导审查。

从教学的角度考虑，应该尽量多地运用《计算机应用基础》配套教材中的知识和技能，尤其是一些基础性很强的内容，如字体、段落和页面格式等。还应该注意运用一些具有难度的内容制作出新颖而实用的版面效果，如字符的间距格式、分栏技术和艺术字扩展功能等。

技能目标

- 掌握在 Word 中建立文档，根据需要设置页面尺寸和版心尺寸。
- 掌握在 Word 文档中插入字符、图形、图片和表格的方法，并学习设置这些对象格式的技术。

环境要求

- 硬件：计算机、打印机。
- 软件：Word 2003、Microsoft Photo Editor。

任务分析

在制作宣传手册时，Word 能够对字符和图片进行必要的编辑，可以完成格式的处理，还可以进行文档内容的图文混排处理。为了完成这个宣传手册的制作，既需要认真地完成手册每一页的设计和制作，还需要合理地将若干个单独页有机地连接在一起，形成一本既生动活泼又内容翔实的实用性宣传资料。

（1）分析手册的主导思想。在进行手册制作之前，首先需要明确发行手册的目的，明确领导的主要意图，确定手册应该突出的主要思想，才能对手册进行整体结构的分析。下面，将领导的意图分解如下。

① 把广大用户的健康放在第一位。手册不能唯利是图，而应该引导大家重视科学饮用果蔬汁。

② 尊重科学性。手册内容必须科学合理，每一个具体的实例都应该符合医学科学和营养科学，决不能随意介绍那些道听途说的配方。

③ 符合实用性。手册中介绍的每一款果蔬汁都具有可操作性，果蔬汁对人体健康的作用应该是广大群众日常非常关注的问题。

（2）分析手册的整体结构。根据领导的意图，宣传部的员工们认真分析手册的整体结构，内容如下。

① 手册的结构。手册包括以下 3 部分：封面和封底、目录、正文页。

② 手册的尺寸和页数。本着方便和实用的原则，将手册设计为大 32 开，正文宣传内容分布在 6 页之中，一共 9 页。

③ 艺术性。为了突出生活和自然的和谐性，页面的色彩不要大红大绿，力求淡雅清新，页面上的元素简单且形象。

设计宣传手册的工作可以分为宣传手册的版面规划（必要时可以绘制版面设计草图）和宣传内容设计两部分进行。小到一个宣传手册，大到一栋宏伟的建筑，都应该遵循一个共同的原则，那就是秀外慧中。在宣传手册中，版面布局是"脸面"问题，是完成整个作品中至关重要的一个环节。手册的内容更是不容忽视的问题，否则容易制作出华而不实的作品，为众人所讥笑和摒弃。

在制作本手册的开始，就提出这样一个要求，不直接宣传榨汁机，而是通过介绍引用水果和蔬菜汁的好处，让读者自觉而主动地选择"蛟龙"牌榨汁机。本着这个原则，在本手册的辅助页中，无论是图片、花边还是文字，都突出"绿色果蔬"这个主题。另外，根据一般产品宣传手册的惯例，在本手册的封面有产品的商标和衬托图片，在封底页中印有公司地址等信息，在目录页中列出了正文页的主题和页码。

（3）版面布局设计。在任务分析过程中，已经将制作宣传手册的大任务分解为若干个小任务，其实主要工作就是制作宣传手册的 9 张页面。下面，以框架的形式给出每个页面的结

构版图，供具体制作时参考。

① 封面的版面布局。封面中包括一幅"蛟龙"图片、两个横向的文本框和一个竖向的文本框。另外，在页面四周有一圈花边，草图如图 4-1（a）所示。

② 封底的版面布局。封底中包括两个横向的文本框，另外，在底部有一行花边，草图如图 4-1（b）所示。

③ 目录的版面布局。目录页的背景是特殊处理的，一半是蓝色的，一半是浅绿色的。左半部有 4 行目录文字，右半部有 3 行目录文字。左下角和右上角各有一幅剪贴画。草图如图 4-1（c）所示。

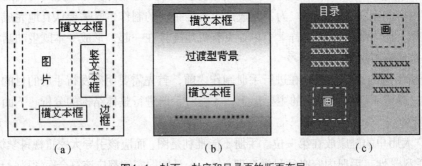

图4-1　封面、封底和目录页的版面布局

④ 第 1 页的版面布局。第 1 页到第 6 页的背景都是相同单色。页面的上方有一个文本框，下方是一个刻度尺和对刻度尺的文字说明，草图如图 4-2（a）所示。

⑤ 第 2 页的版面布局。第 2 页的上方有一个面积比较大的文本框，下方是用曲线绘制的直角坐标、数据曲线和对刻度尺的文字说明，草图如图 4-2（b）所示。

⑥ 第 3 页的版面布局。第 3 页的上方是有标题的文字区域，下方有一幅图片，文字排列在图片的周围。在文字段落中，有一些横线条，草图如图 4-2（c）所示。

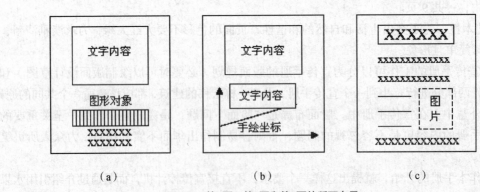

图4-2　第1页、第2页和第3页的版面布局

⑦ 第 4 页的版面布局。第 4 页上方是标题（一栏），写在一个图形中，下方分两栏，底部是图形边框，右下角文字底部有一个图形，草图如图 4-3（a）所示。

⑧ 第 5 页的版面布局。第 5 页的上方两行文字采用特殊版式，从中部到下部采取复杂分栏，最下方是图形边框，草图如图 4-3（b）所示。

⑨ 第6页的版面布局。第6页分为上下和左右4部分。上方是标题，中间分为不同格式的两部分，下方插入一幅剪贴画，草图如图4-3（c）所示。

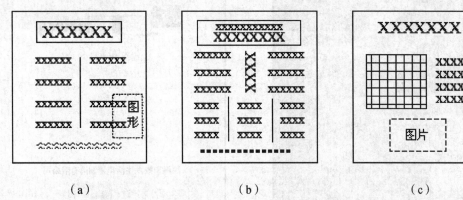

（a）　　　　　　　（b）　　　　　　　（c）

图4-3　第4页、第5页和第6页的版面布局

（4）手册的分类。在分析了制作手册的主导思想和整体结构的基础之上，应该把制作手册的大任务分解为以页面为单位的若干个小任务，以便逐步完成各项任务，并将所有单页合成为一本手册。完成这些小任务是整个项目的重中之重，在下面的具体实践过程中将要认真实现。这些小任务需要完成如下内容。

① 封面内容。封面是整个手册的脸面，应该围绕主导思想，体现作者的个性来设计。

② 封底内容。封底应该介绍一些具体信息，如企业的名称、地址及产品商标等。

③ 目录内容。目录页应该简单明了地写清楚每个正文页的主题及页码。

④ 正文页内容。正文页只有6页，其中有2页从营养知识的角度介绍了酸碱平衡问题，还有1页介绍了新产品在全国的销售网点。虽然只有3页介绍了实用果蔬汁的营养作用以及制作方法，但是，无论是页面的风格还是实质的内容，都具有典型性和宣传性。这3页包括以下内容：菠萝苹果番茄汁、豆浆、葡萄釉薄荷柠檬汁。

（5）手册具体内容的设计。在完成手册版面布局设计和页面分类的基础上，下一步应该确定手册每页的具体内容和特点，包括封面、封底、目录和正文页的具体内容。下面，说明每个页面的主要设计难点。

① 封面的背景图是一幅"蛟龙"图片，手册的主题"蛟龙出海，健康入口"放在竖向文本框中，安排在页面的右侧；上方的横向文本框中输入了"蛟龙"的汉语拼音，下方的文本框中输入了手册所宣传的主角"蛟龙牌榨汁机"，并在字符宽度和水皮间距上进行了一定的处理；在页面的四周设置象征绿色环境的花边。封面的实际效果如图4-4所示。

② 封底的背景是过渡型的颜色，但不能通过设置文档的"背景"来实现，那样做会强迫手册的所有页都具有这样的背景图。通常可以采取插入矩形，然后设置矩形的填充色来达到需要的效果。页面上方的"蛟龙Jiaolong"是产品的商标。文字的特殊之处是"龙"字与字母"J"的重叠效果，这需要紧缩Word的字符间距来实现。在页面的下方有一组用特殊字符格式制作的"公司地址"，是两行文字并排在一行中。在页面最下方有一个长条图形，通过设置段落边框的方法来实现，这是一种简单而灵活的途径。封底的实际效果如图4-5所示。

图4-4 封面的实际效果图

图4-5 封底的实际效果图

③ 目录页的背景取蓝、绿相间的特殊效果，需要利用文本框，采取手工操作的方法拼接而成。目录的内容通过设置制表位的前导符形成目录中的虚线。另外两张图片是从网上搜集的蔬菜和水果的图片，分别插入到页面的上方和下方。目录页的实际效果如图4-6所示。

图4-6 目录页的实际效果图

④ 第 1 页利用文字来介绍酸碱平衡方面的知识，另一种形式是形象地利用刻度尺来表示人体酸碱度的合格范围，并极力号召大家努力把酸碱度控制在规定范围内。文本框设置了底纹和边框线，难点是如何制作刻度尺。有一种很巧妙的方法是通过插入和编辑艺术字来实现。第 1 页的实际效果如图 4-7 所示。

⑤ 第 2 页仍然继续酸碱平衡的话题，但采用了曲线的方式表现出酸性物质的存在规律以及对人体的损坏程度。本页的制作难度比较大，集中反映在简单图形的绘制、编辑及修饰上面，还需要综合利用图形处理的许多基本技术，如图形分布和图形阴影等。另外，带惊叹号的"三角形"可以通过制作带圈字符来实现。第 2 页的实际效果如图 4-8 所示。

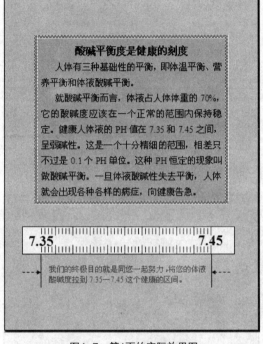

图4-7　第1页的实际效果图

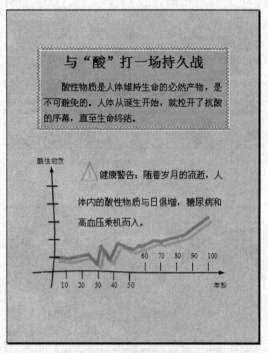

图4-8　第2页的实际效果图

⑥ 第 3 页介绍了一种实用果蔬汁的功效及制作方法。制作过程中使用了图文混排方式。页面中的"圆圈"是插入的项目符号。有 3 行设置了字符的下划线，当然，采用段落边框也完全可以。标题设置了段落边框和底纹格式。实际效果如图 4-9 所示。

⑦ 第 4 页介绍了豆浆的作用和制作方法。页面的主题放在条幅形的图形中。版面被划分为两栏，左栏介绍豆浆的功效，右栏介绍豆浆的制作方法。两个段落都采用了"首字下沉"格式。本页插入了"星形"图形和段落边框。第 4 页的实际效果如图 4-10 所示。

⑧ 第 5 页介绍了葡萄釉薄荷柠檬汁的作用和简单制法。上段文字被划分成两栏，统一格式。下段文字被划分为三栏，中间栏和左右栏的格式有所区别。"心旷神怡"借助文本框存在于两栏中间。标题文字设置了"拼音指南"格式。其实际效果如图 4-11 所示。

⑨ 第 6 页介绍产品销售网点，综合运用表格和制表位的特点。左边的表格是白色字体和格线；右边是没有格线的制表位，二者既有个性，又有共性。这里介绍了表格的插入和格式化技术，还介绍了制表位的特殊定位作用。实际效果如图 4-12 所示。

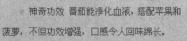

三兄弟果汁

防治心脏病的途径之一就是多吃蔬菜和水果。比如猕猴桃、橘子、香蕉、葡萄柚、西红柿、紫色大蒜、海带、芹菜和红椒等，就是人类逐渐发现并善待的好朋友。

黄瓜苹果番茄汁

● 加碱指数

菠萝	1/8 个
苹果	1/4 个
番茄	1/2 个

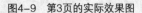

● 神奇功效　番茄能净化血液，搭配苹果和菠萝，不但功效增强，口感令人回味绵长。

图4-9　第3页的实际效果图

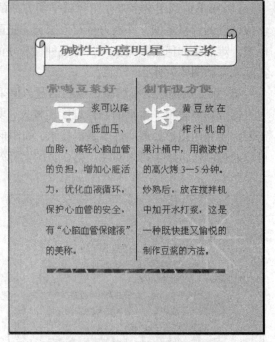

图4-10　第4页的实际效果图

图4-11　第5页的实际效果图

图4-12　第6页的实际效果图

（6）作品合成后的格式设置。在所有的单页制作完成之后，一个重要的工作是把这些页合成为一本小册子，这里面仍然包含许多编辑和设置页面格式的内容。

① 连接 9 个 Word 文件，形成一本宣传手册，最好的办法是在文档中插入文件。

② 设置页眉和页脚，并进行适当的编辑和修饰。

③ 设置页码，并对页码进行修饰。需要注意的是封面、封底和目录页没有页码。

④ 打印手册，一式 3 本。打印前需要进行打印预览。

经过任务分析和设计环节，已经将任务描述中的技能训练任务分解为 9 个具体的小任务，并分析了实现方法。下面将逐步制作出手册的 9 个单页，然后再合成为一个完整的宣传手册。在此过程中，没有按照《计算机应用基础》配套教材中知识排列的顺序安排教学，而是将知识点和技能点打散，在逐一完成各个任务当中，重新训练所学的技能。大部分任务需要在 1 个课时内完成，有的任务需要 2 课时。

任务一　制作手册封面

根据设计方案，制作手册的封面。因为这是所有工作的第一项，所以，必须承担整个手册的页面设置工作，包括设置纸张尺寸为大 32 开，设置版心位置。完成页面设置后，还要完成以下几项工作，包括设置页面的边框线，插入图片，在图片上面叠加 3 个文字内容，其中一个是竖向排列的文字内容。为了辅助理解任务分析的结果和手册设计的方案，将提供一个手册封面的样张，供实际制作时参考。

在《计算机应用基础》配套教材中已经学习了为页面设置图片型背景的方法，但是，这样做的结果将会使这个手册的每一页都具有这种图片背景，违背了只是封面有图片的愿望。所以，还需要手工插入图片，并耐心调节图片的尺寸。另外，设置页面边框时，应该注意调整"选项"，以便改变边框与页面边距。

步骤 1，设置页面的尺寸。在"页面设置"对话框中设置手册的纸张尺寸为大 32 开，然后微调为 14 厘米宽、18 厘米高。设置上页边距为 2 厘米，其他页边距都是 1 厘米，如图 4-13 所示。

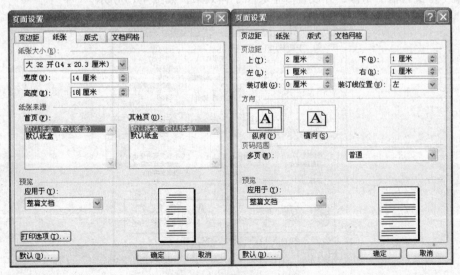

图4-13　"页面设置"对话框

封面是这个手册的第 1 页，它的尺寸将影响到以后各页。

步骤 2，插入分页符。首先，在封面页的后面插入一个"下一页"型的分页符。然后，在第 2 页的末尾连续插入 7 个分页符，一共产生 8 个空白页，为后续合并文件创造有利条件。

 插入分页符的目的是保证用分页符将相临的两页隔离开，以便在两页中设置独立的页面格式，如一页可以设置页面边框，而另一页不设置页面边框。

 每当插入分页符之前，应该产生几个空行，以便将来插入需要合并的文件。

步骤 3，插入图片。在第 1 页中插入图片后，如果其尺寸与页面不相吻合，应该设置图片的版式为"衬于文字下方"，并适当调整图片的尺寸。

 在页面中移动图片时，如果移动的步距较大，很难与页边对齐。按住 Ctrl 键后再点击光标键，就能够使移动更精确。

步骤 4，设置页面边框。在"页面边框"选项卡中选择一种艺术型边框线，然后，单击"选项"按钮，在打开的对话中调整边框线与页边的间距为 0 磅，如图 4-14 所示。

图4-14　设置页面边框线距页边的距离

步骤 5，插入横向文本框。在文本框中输入"Jiaolong"，适当设置字体和字号。

步骤 6，插入竖向文本框。在文本框中输入"蛟龙出海，健康入口"。如果要达到样张的效果，应该设置"华文行楷"字体，并设置"空心"字体效果，如图 4-15 所示。

图4-15　设计效果图

在文本框中插入文字后，有时想改变文本框的尺寸，按住 Alt 键后再拖曳文本框四周的"尺寸控制块"，能够精确改变其尺寸。

步骤 7，改变文字间距。本项工作包含两项工作，一项是设置文字"蛟龙牌榨汁机"的缩放比例为 200%，然后，还要使文字之间的间距紧缩 1.5 磅。

在插入和编辑图片的过程中，你遇到了哪些困难？是如何解决的？

任务二　制作手册封底

按照一般规则，在产品宣传手册的封底应该登载公司的相关信息，如地址和联系电话等。在本手册的封底中，除了遵守上述规则之外，还增加了产品商标的设计工作，这个商标就是经过字体格式设置的"蛟龙 Jiaolong"。另外，封底还制作了过渡型背景，插入了一些图形化符号。页面下方的花边不是普通的图形，更简单的方法是设置特殊的段落边框。

在学习字符间距格式时，通过改变字符的水平间距和垂直位置能够将多个字符组合成一个具有特殊效果的字符，例如带圈字符、双行合一字符，甚至可以形成简单的组合字符图画等。在制作封底中，将重新运用这些技术制作产品的商标，同时，还在"公司地址"中运用了"双行合一"特殊字符格式，目的是通过对比理解字符格式的基本原理。

步骤 1，设置过渡型背景。插入一个矩形框，改变尺寸使其边线与页边重合。然后，在"设置自选图形格式"对话框中，设置由白色和绿色参与组成的横向过渡效果。

有的同学会问，为什么不直接设置页面的背景呢？原因很简单，凡是页面格式，如版面尺寸、页面背景、页眉和页脚等，如果不经过特殊处理，默认情况下，其作用范围是整个文档。如果只想在某页内单独设置这些格式，只能通过"补贴"一张图形，然后设置这个图形的颜色和纹理作为页面背景。

步骤 2，制作商标。在插入的文本框中输入"蛟龙 Jiaolong"，并设置初号，"J"缩放 600%。然后，选定"蛟龙"二字，将其位置提升 15 磅。再单独选中"龙"字，设置水平间距紧缩 14 磅，让"蛟龙"与"J"形成重叠效果，如图 4-16 所示。

要想在两个紧缩字符之间插入光标并选定字符不是一件容易的事情。有一种好方法能够解决这个矛盾，按住 Shift 键的同时，再点击光标移动键，就可以精确地选定字符。

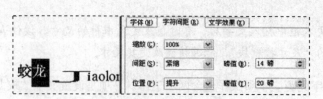

图4-16　设置字符间距示意图

步骤3，设置特殊格式。在一行中输入"公司地址：海南省深海市珊瑚路甲17号"。将字符设置为一号后，选定"海南省深海市珊瑚路甲17号"，再打开"双行合一"对话框，确定后，自然形成样张中的效果。

步骤4，设置图形边框。选定最后一段字符后，打开"边框和底纹"对话框，如图4-17所示。单击"横线"按钮，选择一种图形作为被选段落的一条底边线插入。

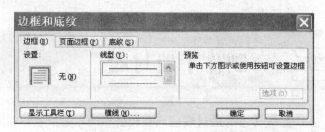

图4-17　"边框和底纹"对话框

步骤5，插入图形符号。先插入一个文本框，然后在"符号"对话框中选择"普通文本"字体，在符号区中找到符号"★"插入到文本框中，如图4-18所示。然后，再插入其他文字。

图4-18　"符号"对话框

在"符号"对话框的"符号"选项卡中，有许多子符号集，选择字体的过程就是确定子符号集的过程。如果字体改变，原来的字符可能面目全非。例如，Webdings和Wingdings就是两类特殊的字体，能够使普通的字符变成小图形。"符号"对话框是一个很丰富的符号资源库，除了图形化符号之外，还有一个"特殊"字符子库，里面保存着许多不能从键盘上插入的符号，如版权符号、商标符号和注册符号等。

有一幅飞机起飞的模拟图，飞机之间的间距越来越大，高度越来越高，尺寸越来越小，由此比较实际地描写了飞机升空的情况。请你插入符号"✈"，通过设置不同的字符间距实现如图4-19所示的效果。

图4-19 飞机起飞时的模拟图

在双行合一的操作中，如果被处理的字符总数是奇数，将出现什么结果？如何弥补呢？另外要想改变组合后的字符字号将出现什么现象？请大家在实验中认真思考，在小组中互相交流经验和体会。

任务三　制作目录

目录在许多印刷品中都是必须存在的，主要起到内容简介和快速索引的作用。在本手册中，目录页主要有两个特点，一个是应用制表位固定页码的位置和产生虚线，另一个特点在背景上，一半是浅绿色的背景，另一半是蓝色的背景。另外，在目录的空闲位置上还插入了两幅剪贴画。

制表位是表格脱掉格线后的格式，主要起到横向定位和产生虚线的作用。制作过程应该注意，即使设置了虚线格式，也只有在下一个制表位发生作用的时候，虚线才表现出来。在本例中，应该设置一左、一右两个制表位，左对齐制表位负责限制目录文字的位置，右对齐制表位负责限制页码的位置。只有知道了制表位各个要素的作用，才能在应用制表位时做到游刃有余。

步骤1，制作背景。插入一个矩形框，调整其尺寸为7厘米宽、18厘米高。设置其填充色为蓝色，将其移动到页面的左侧。然后，复制一个矩形框，设置填充色为浅绿色，并移动到页面的右侧。

步骤2，制作制表位。把光标置入文本框中后，在标尺上单击，将产生一个制表位。单击标尺左侧的制表符按钮，设置为右对齐方式，然后，在相隔3厘米的位置再单击，产生一个右对齐制表位。打开"制表位"对话框，设置虚线型前导符，如图4-20所示。

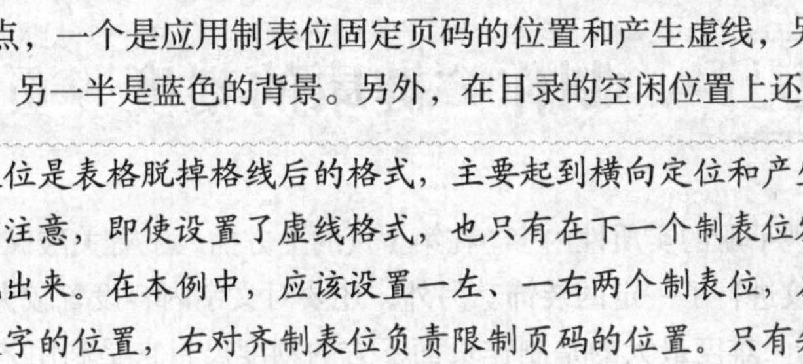

图4-20 设置制表位格式

有两种不同的插入制表位方法，应该区分其应用的场合。如果插入的制表位不需要前导符，就可以通过单击标尺来产生，其优点是快捷而直观。如果必须有前导符，只能打开"制表位"对话框，选择前导符的类型并单击"设置"按钮。

步骤3， 插入图片。首先从网上下载两幅水果类的图片，保存到硬盘中。然后，利用"插入"菜单把图片插入到目录页中。拖曳图片的尺寸控制块调整图片的大小。

如果图片插入的位置不合适，要想自由移动图片，必须把图片默认的"嵌入型"版式改变为"浮于文字上方"，然后可以拖曳到页面的任何位置。

制表位与表格的差别和共性是什么？怎样实现表格和制表位之间的互相转换？如果让你利用"替换"命令实现二者之间的转换，请提出实现的方案。

任务四　制作"健康的刻度"页面

从第1页开始表现手册的实质性内容。在第1页的上方插入了有关酸碱平衡方面的文字内容，并对段落的边框和底纹进行了一定的装饰。另外，还要对文字内容设置较大的行间距，本例中的行间距是固定值24磅。难度最大的是制作页面下方的刻度尺，它是利用艺术字的变形并与简单图形叠加形成的，这是本任务的难点，艺术字的插入与修饰就是本次训练的重点。

在学习艺术字的教学中，曾经了解了艺术字的形状可以有固定的样板，并且可以随时进行调整，如改变成圆形或直线形等。另外一个重要的基础知识是制作刻度尺的关键，即借助艺术字这部机器，对一些特殊字符进行艺术加工，从而产生特殊的图形和艺术效果。在本例中，将要通过对英文字母"I"和通道符号"|"的艺术加工，制作一个长条形的刻度尺。

步骤1， 设置段落的行间距。在页面的上方输入标题"酸碱平衡度是健康的刻度"，并参考样图输入正文内容。然后，设置行间距为固定值24磅。

步骤2， 设置段落的边框和底纹。选定整个段落后，打开"边框和底纹"对话框，在"边框"选项卡中选择蓝色的双波浪线作为段落边框。然后切换到"底纹"选项卡，如图4-21所示，为段落设置淡紫色的底纹。

图4-21 "边框"选项卡

选定段落时，如果没有包含回车符，设置出来的边框和底纹将以行为单位进行，不能达到希望的效果。所以，一定要注意选定段落的操作方法，一般在左页边距内双击就可以快速而准确地选定包括回车符在内的整个段落。

步骤 3，输入刻度尺的刻度。在艺术字库中选择一种形状后开始在"编辑艺术字文字"对话框中输入符号。根据样图的特点，输入英文字母"I"和通道符号"|"，分别作为长刻度和短刻度。到 10 厘米长后回车，重新在下面的一行中输入刻度如图 4-22 所示。

字符的字体是一个既普通又神秘的参数。对于大写的英文字母"I"，如果设置为黑体，其样子是"I"；如果设置为"彩云体"，样子是"囗"，可见，在 Word 中，字体是一个广义的概念，应该加强理解和运用，能够由普通的字符产生许多奇特的字符。

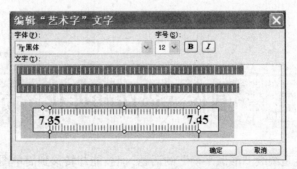

图4-22 通过编辑艺术字制作刻度尺

步骤 4，改变刻度尺的形状。一般情况下，新制作的刻度尺可能不是直尺，需要调整。因此，必须取消艺术字原来的"嵌入型"版式，然后才能拖曳黄色的菱形块调整其形状。

步骤 5，叠加刻度尺的边框。新插入一个矩形，取消填充色后移动到艺术字的上方，形成刻度尺的边框。

步骤6, 添加刻度数值。插入两个文本框,分别输入"7.35"和"7.45",并移动到恰当的位置上。

步骤7, 增添说明文字。插入文本框,在内部输入"我们的终极目的……"。

步骤8, 增加标注箭头。插入两个箭头,并设置为虚线,再插入两个短竖线,移动到刻度尺的下方,用来标注文字说明。

利用艺术字可以调整形状和对普通字符进行艺术加工的功能,参考如图4-23所示的样图,制作出一些物理和数学图示。

圆形的车速表由两个圆形、一个艺术字和文本框(公里/小时)组成,通过适当的叠加形成最终的效果。量筒的做法有多种方法,其中一种与前面训练过的制作刻度尺的方法类似,但思路完全不同。另外也可以先做刻度,再用文本框补充竖向排列的刻度值。

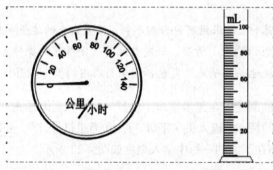

图4-23　运用艺术字制作的测量工具图

通过制作艺术字,你怎样理解"艺术字是一台艺术机床"这句话?根据制作的收获,思考如何利用艺术字制作圆形的印章?

任务五　制作"谨防酸性化"页面

第2页的主要内容是继续"酸碱平衡"的话题,但技能却转移到简单图形的绘制和修饰上面。通过手工画坐标轴和数值曲线,综合训练了绘制曲线、对齐与分布图形、设置图形的阴影等操作方法和技巧。另外,在该页中还出现了一个不显眼的带三角形外圈的惊叹号,通过实现这种字符效果,将训练特意为中文版式设计的一些特殊字符格式。

在本任务中,将要利用图形对齐与分布方法。二维坐标的竖轴和横轴上都有许多短线条,只要确定好首尾两根线条的位置,就可以让所有的线条均匀分布。

步骤 1，输入和设置文字内容。在页面的上方输入"与'酸'打一场持久战"，设置边框和底纹的方法与第 1 页相同。

步骤 2，绘制坐标轴线。首先绘制相互垂直的两条线，并设置一端有箭头。

步骤 3，增添刻度。首先插入一个竖向的短直线，然后复制 9 个，并把第一个移动到靠近原点的位置，把最后一个移动到横轴的末端，再利用"对齐与分布"命令使其对齐并均匀分布。采取类似的做法在竖轴上增添 5 个短线作为刻度如图 4-24 所示。

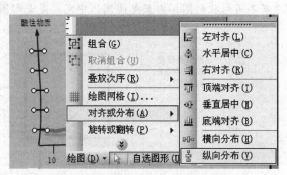

图4-24 使多条短线均匀分布的示意图

步骤 4，插入刻度值。先插入一个文本框，再输入 10 ~ 100 这些数值，并且让这些数值分布在上下两行中。接下来，移动文本框，使刻度与数值相吻合。

一般情况下，操作者可能要插入两个文本框来输入刻度值。如果想在一个文本框中输入数值，可以先输入 60 ~ 100，并设置为右对齐，两次回车后再输入 10 ~ 50，并设置为左对齐，就能够达到样图的效果。

步骤 5，绘制数值曲线。在"绘图"工具栏的"自选图形"列表中选择"任意多边形"工具，通过在多个拐点上单击可以画出折线型数值线，并把曲线设置为红色，如图 4-25 所示。

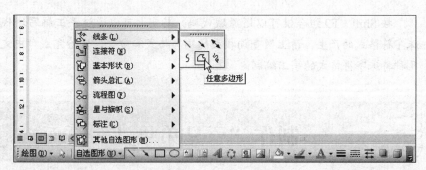

图4-25 "绘图"工具栏

步骤 6，设置曲线的阴影。选定曲线后，单击"绘图"工具栏上的"阴影样式"按钮，在列表中选择一种阴影样式。

步骤 7，制作带圈字符。首先输入并选定惊叹号，然后通过"格式"菜单打开"中文版式"中的"带圈字符"对话框,选择"三角形"圈号并确定"增大圈号"。如果对带圈字符的形状不满意，还可以通过改变缩放比例进行调节。

带圈字符是一种域，通常情况下，带圈字符的外圈和字符的颜色是相同的。但是，如果能够还原域代码，就可以方便地改变字符或圈的内容、形状和颜色等特征，形成更加丰富多彩的带圈字符。

根据老师的指导，通过重新设置域代码的格式来制作如图4-26所示的两个带圈字符。其中，"车"字被设置了蓝色的阳文效果，外面的圆圈是红色的双线。在"马"字的外面有3层不同形状的圈，内层是圆圈，中间层是菱形圈，外层是正方形圈。

图4-26 特殊的带圈字符

选定带圈字符后按Shift＋F9组合键，带圈字符将被还原成源代码。此时，完全可以对源代码中的字符和圈重新编辑和格式化操作。完成改变后，再一次按Shift＋F9组合键，源代码又变成带圈的字符了。不过，此时的圈和字符已经不是原始模样了。

在与带圈字符打交道的过程中，你对域这种文档中的特殊对象有了哪些新的认识？举例说明在 Word 中还有哪些对象具有域的性质。

按Shift＋F9组合键可以还原域代码。其实，可以通过手工编写域代码实现特殊字符格式的产生。请上网查询相关的编写格式和命令，实验完成"中文版式"中几种特殊字符格式的手工编制。

任务六 制作"三兄弟果汁"页面

第3页具体介绍了一种果汁的功能和做法。操作上用到了图文混排、设置段落的边框和底纹、设置图片的边框线、设置字符的下划线、应用项目符号和插入图形化符号等技术。

项目符号是文章中常用的段落格式，其实就是插入符号和段落缩进格式的综合运用，在描述多个相同类别的文字内容时，采用项目符号可以做到条理清晰、错落有致。利用"项目符号"选项卡可以重新更换符号及设置符号的格式，还可以重新设置该段落的格式。

步骤 1，插入及设置标题。在页面的上方插入文字标题"三兄弟果汁"，并恰当地设置文字的字号、颜色和缩放比例。然后选定整个标题段落，设置彩色边框和深绿色的底纹。

步骤 2，普通输入文字。在文字段落的下面插入果汁的名字，并设置颜色。

步骤 3，插入项目符号。在果汁名字的下方输入"加碱指数"，单击"格式"工具栏上的"项目符号"按钮，如图 4-27 所示。

图4-27 "格式"工具栏

步骤 4，修饰项目符号。在"自定义项目列表"对话框中选择符号，并利用"字体"对话框设置符号的颜色和字号，如图 4-28 所示。

在"格式"工具栏的右侧有两个调节项目符号缩进量的按钮，名字是"减少缩进量"和"增加缩进量"。除了这两个工具之外，利用"项目符号"选项卡也能够改变项目符号的位置，并且还能够重新选择符号及设置符号的格式。

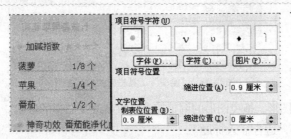

图4-28 设置项目符号格式示意图

步骤 5，设置字符下划线。在项目符号下方输入 3 种水果的名字和数量之后，设置每段字符的下划线颜色是棕色的，形状是波浪线。

步骤 6，插入符号。在"加碱指数"的右侧插入 3 个"★"和 1 个"☆"，并设置为棕色、四号字。

步骤 7，插入图片。插入一幅图片，缩小尺寸，设置版式为"四周型"。把图片移动到页面的中部靠右侧放置，并与左侧的几行文字形成图文混排的布局。

当文字与图片混合排列时，双方排列的方式由图片的版式决定。当图片是"嵌入型"时，图片将单独占据一行，文字无法成为图片的邻居；当图片是"四周型"时，文字将围绕在图片的四周，与其和谐相处；当图片是"浮于文字上方"或"沉于文字下方"时，图片与文字互不相让，有一方将被遮盖。

通过在文字中插入图片并设置"文字环绕"方式，你认为图片和图形有什么区别？插入的剪贴画是图片还是图形？

任务七 制作"抗癌的豆浆"页面

第4页接触到页面分栏,在左右两栏中分别设置了段落的首字下沉格式。在两栏的上面有一个自选图形,里面是本页的主题。在文字段落的下面有一个星状的自选图形,在文字下方有一条图形化的段落边框线。

 知识回顾 分栏是页面格式,无论分成几栏,在每个栏中都可以独立设置段落格式。分栏的这个特点与文本框很相似,为复杂的版面布局提供了便利。

步骤1,插入自选图形。在"绘图"工具栏的"自选图形"列表中选择"星与旗帜",从中选择"横卷形"图形插入到页面的上方,如图4-29所示。对准图形右击鼠标,执行快捷菜单中的"添加文字"命令,在图形中输入"碱性抗癌明星——豆浆"。

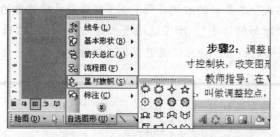

图4-29 "绘图"工具栏中的自选图形

步骤2,调整自选图形。拖曳图形的调整控点,重新改变图形的形状。调整图形的尺寸控制块,改变图形的高度和宽度,适合插入标题。

 教师指导 在 Word 2003 中,插入图形后,经常会出现3种控制点,一种是黄色的菱形块,叫做调整控点,能够改变图形的形状;另一种是绿色的圆点,能够通过旋转改变图形的角度;还有一种是常见的空心圆点,起到改变图形尺寸的作用。

步骤3,输入文字内容。参考样图在新建文档中输入文字内容,然后把整个文字段落划分为4段。包括标题段落"常喝豆浆好"和"制作很方便",还包括两段中的正文段落。

步骤4,划分相等的两栏。在第一段开始插入一个分节符,在最后一段的结尾再插入一个分节符。把光标放在两个分节符之间,打开"分栏"对话框,选择"两栏",并确定使用"分割线",如图4-30所示。单击"确定"按钮。

图4-30 设置分栏参数的示意图

难点提示　分节符是一个有着特殊作用的分割符，但有时来无影去无踪，需要特别注意，以免把刚刚设置好的版面布局破坏得一塌糊涂。因此，在运用分栏技术时要注意两点，一是分栏先分节，二是取消分栏后还要把残留在页面中的分节符一并删除，才能重新进行分栏操作。运用"常用"工具栏上的"显示 / 隐藏编辑标记"按钮能够看见或隐藏分节符，使编辑分节符时做到有的放矢。

步骤 5，设置首字下沉。把光标置入左栏的正文中，执行"格式"菜单中"首字下沉"命令，选择对话框中的"下沉"，该段落中的"豆"字将下沉 3 行。在文本框中选定"豆"字，设置为白色和阳文格式。采取系统的方法，设置右栏首字下沉，如图 4-31 所示。

教师指导　首字下沉实质是文本框在起作用，所以，既可以通过插入文本框手工设置首字下沉格式，又可以像对待一切图形对象一样编辑和修饰首字周围的文本框。

步骤 6，插入背景图形。从"基本图形"列表中插入"太阳形"图形，然后，通过拖曳图形的调整控点和尺寸控制块，使图形变成放射光芒的星星。

步骤 7，让图形做背景。双击图形，在"设置自选图形格式"对话框中，设置文字环绕方式为"衬于文字下方"，如图 4-32 所示。

图4-31　"首字下沉"对话框　　　　图4-32　"设置自选图形格式"对话框

步骤 8，设置段落边框。把光标置于最后一个字符的右侧，在"边框和底纹"对话框中单击"横线"按钮，选择一种图案后，就会在页面的下方插入一个图形化的底边线。

小组交流　本任务的难点是设置分栏格式，你对"难"字有何体会？你曾经进行过 3 栏以上的分栏操作吗？你认为最多能够划分的栏数与什么参数有关？有条件的可以动手实验一下，体会更深刻。

任务八　制作"葡萄柠檬汁"页面

在进行过简单分栏以后，在第 5 页中将要进行多项难点操作，其中的一个难点是在标题中运用了"拼音指南"特殊格式。另外，还要进行复杂分栏，主要体现在对不同栏进行不同字符和段落格式的设置。在本任务中，将要进行设置段落底纹的训练，还要在分栏的空隙中插入竖向的文本框，并对其中的文字进行了缩放操作。

知识回顾　"中文版式"是为中文排版的需要而设计的，主要包括拼音指南、双行合一、合并字符、带圈字符和纵横混排等格式。其中，纵横混排主要是用到牌匾和会标中，但必要的条件是必须有竖向排列的文字，才能显示出特殊的效果。

步骤1，拼音指南。在第1段中输入"葡萄釉薄荷柠檬汁"，选定后打开"拼音指南"对话框。单击"组合"按钮，针对整个一句话添加汉语拼音，确定后退出，如图4-33所示。

图4-33　设置"拼音指南"版式示意图

步骤2，设置段落底纹。选定组合后的标题，在"边框和底纹"对话框中切换到"底纹"选项卡，如图4-34所示，选择"深色竖条"样式，并挑选理想的颜色，确定后产生段落的底纹。

图4-34　"边框和底纹"对话框

步骤3，插入分节符。输入完所有的文字后，在第1段段首（"睡眠是……"）插入一个分节符，在段尾再插入一个分节符。同样，在第2段的首尾也插入两个分节符。

步骤4，复杂分栏。把光标置入第1段中，在"分栏"对话框中选择"两栏"。把光标置入第2段中，在"分栏"对话框中选择"三栏"，并选择"分割线"。

步骤5，调整栏宽。选定第1段后，通过拖曳标尺上的滑块增加两栏之间的间距。

步骤6，设置字符格式。在两栏的空隙中插入一个竖向的文本框，写入"心旷神怡"4个字。然后，设置小初字号，并缩放55%。

 教师指导　分栏后，标尺也被划分为对应的几部分。拖曳标尺上面的各种滑块能够比使用对话框更方便地改变栏的宽度和栏之间的距离。但是，整个标尺只有一套设置段落缩进的滑块，当光标置入到某个栏中时，这套滑块将跟随到这个栏的标尺上。

步骤7，设置分栏格式。分别选定三栏中的左栏和右栏的文字，设置为楷体。然后，再选定中间栏的文字设置绿色底纹。

难点提示　在样图中，中间栏的底纹与以前所设置的效果不一样，呈现一条一条的底纹。主要操作技巧在选定对象上。如果选定一个不包括回车符的段落，设置的底纹效果就是以行为单位。反之，如果同时选定了回车符，则整个段落的底纹是一个连续的矩形区域。

步骤8，插入图形边框。在页面的最下方插入一个图形边框。

当页面被划分成多栏时（例如9栏），如果文字的字号放大到一定程度，受栏宽的束缚，文字可能会竖向排列。动手实验一下，情景很奇妙，效果很新颖。图4-35所示就是通过分栏产生的文章竖排的效果图。

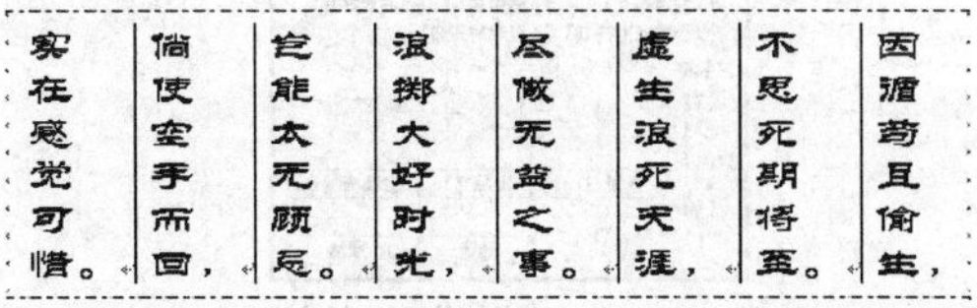

图4-35　利用分栏实现文章竖排的效果

在制作小报等宣传品时，经常需要把版面划分为多个版块。你所知道的能够实现这种要求的技术有哪些？在使用分栏技术时，最多能够把页面划分为几个栏？在各个栏中，都可以设置哪些不同的格式？

任务九　制作"蛟龙牌榨汁机销售网点"页面

在第6页中，主要利用到表格制作技术来建立产品联网的信息，并利用制表位制作了产品型号和价格的对应表。目的是对照二者的功能，认识表格与制表位的关系，为深入应用它们制作需要有序排列的文档奠定基础。在页面的下方还插入了一幅剪贴画，同时采取一定的手段对剪贴画的局部画面进行了修改。

表格由表体和格线组成，去掉格线的表格就是制表位。这句话是从功能的角度论述的，其实二者的制作方法和应用方式完全不同。如果需要运算，就必须使用表格，反之，选择二者之一都能够达到要求。表格和文字能够互相转换，其实，表格和制表位也能够互相转换，有关这方面的问题，将在"小组交流"栏目中讨论。

步骤1，输入标题"蛟龙牌榨汁机销售网点"，并设置字号和颜色。

步骤2，分栏。先插入一个分节符，两次回车后再插入一个分节符。把光标置入两个分节符之间，在"分栏"对话框中选择分为两栏。

步骤3，插入表格。在左栏中插入一个7行2列的表格，尺寸以左栏能够容纳下为准。

步骤4，编辑和修饰表格。首先合并表格的第1行，并输入标题。然后，设置表格的边框线颜色是白色，底纹是绿色。

步骤5，设置右对齐制表位。在右栏的第1行写入题目，在第2行的4厘米处设置一个右对齐的制表位，并输入"型号"和"价格"。

步骤6，设置小数点对齐制表位。打开"制表位"对话框，如图4-36所示，在3.2厘米处设置一个"小数点对齐"方式的制表位，并且设置虚线型前导符。输入数据后回车，在下一段中继续输入不同的型号和价格。

图4-36 "制表位"对话框

 教师指导 由于制表位是段落格式，因此也具有继承性。依据这个特性，只要在前一段中设置了制表位的格式，在回车后产生的下一个段落中依然具有相同的制表位个数和格式。如果要停止这种无休止的继承，只要在"制表位"对话框中选择"全部清除"就可以了。

步骤 7，插入剪贴画。在页面的下方插入一幅建筑类的剪贴画，然后改变图片的环绕方式为"浮于文字上方"。

 难点提示 剪贴画一般都是由基本图形组合而成的，插入到文档中后默认的环绕方式是"嵌入型"。这种形式的图片不能进行取消组合和组合操作，也不能进行旋转等操作。只有把"嵌入型"改变为其他类型，才能够像对待基本图形一样随心所欲地对插入的剪贴画进行编辑和修饰操作了。

步骤 8，编辑剪贴画。取消剪贴画的组合方式，通过拖曳鼠标选定不需要的部分并删除。然后，再把剩余的所有基本图形组合在一起如图 4-37 所示。

图4-37 编辑剪贴画的示意图

 小组交流 （1）在"绘图"工具栏的"绘图"菜单中，有许多编辑图形的命令。但是，有一些操作是有基本条件约束的。请举例说明这个问题。

（2）制表位与表格之间可以互相转换，但是，需要借助一种手段来实现。这个手段就是 Word 的"查找和替换"功能。请讨论一下，怎样实现这种转换？

任务十　合成宣传页

到此为止，已经完成了所有 9 个页面的制作任务，接下来的首要任务是将这 9 页合成在一个文件之中，也就是将后面的 8 个文件插入到封面文件中。在此操作过程中，有许多格式将要自动统一起来，例如背景、页面尺寸等。

步骤 1，合并目录。打开"封面 .doc"文件，把光标移动到下一个页面中，执行"插入"菜单的"文件"命令，在打开的对话框中选择要合并的第 1 个文件"封底 .doc"。

步骤 2，合并第 1 页到第 6 页。在新的空白页面中，陆续插入几个文件，包括第 1 页、第 2 页、第 3 页、第 4 页、第 5 页和第 6 页。

步骤 3，合并封底。在最后一个空白页中，将文件"目录 .doc"插入进来。

步骤 4，保存宣传手册文件。完成所有页面的合并后，执行文件"另存为"命令，为合并后的文件命名为"宣传手册 .doc"。

任务十一　设置正文的页眉和页脚

在宣传手册中，封面、封底和目录页不需要添加页眉和页脚，其他正文页需要设置页眉和页脚。要求页眉中的图案以横线条和简单的图形组成，特点是素雅而艺术。要求页脚中有一条横线，主要内容是被修饰的页码。页眉和页脚的实际效果如图 4-38 所示。

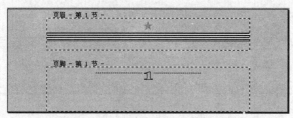

图4-38　手册中页眉和页脚的样式

步骤 1，设置页眉。从"视图"菜单切换到"页眉和页脚"编辑状态，将光标切换到页眉中，按回车键增加一个空行。在第 1 行中插入一个红色的五角星，在第 2 行中设置"深色横线"型底纹。

步骤 2，设置页脚。在"页眉和页脚"编辑状态中，将光标切换到页脚中，在段落的中间插入页码，并设置为三号空心字。然后，在页脚中插入一条横线。

任务十二　打印输出

手册的编排工作完成后，就可以打印输出样本了。打印时需要注意的问题如下：首先，需要进入打印预览状态中，观看整体布局是否存在问题；然后，再打开"打印"对话框，进行打印的必要设置，包括设置打印份数、设置默认纸盒和打印顺序等。

步骤1，打印预览。单击"常用"工具栏上的"打印预览"按钮，进入预览视图方式，选择"显示比例"为10%。

步骤2，打印手册。设置打印3份，默认纸盒和默认打印顺序。在选择的纸盒中放入纸张，按"确定"按钮开始打印，如图4-39所示。

步骤3，装订手册。按照打印自动排列的顺序装订手册，注意将封底翻页装订。

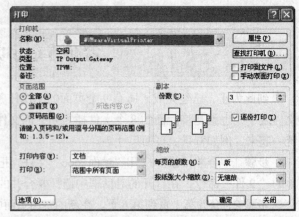

图4-39 "打印"对话框

学生自评表

训 练 内 容	任务完成情况	经 验 总 结	小组讨论发言
制作手册封面			
制作手册封底			
制作目录			
制作"健康的刻度"页面			
制作"谨防酸性化"页面			
制作"三兄弟果汁"页面			
制作"抗癌的豆浆"页面			

训 练 内 容	任务完成情况	经 验 总 结	小组讨论发言
制作"葡萄柠檬汁"页面			
制作"蛟龙牌榨汁机销售网点"页面			
合成宣传页			
设置正文的页眉和页脚			

拓展训练一　制作"绿色奥运"宣传手册

任务描述：上网收集各种有关北京奥运会的图片、数字和文字素材，并经过适当的处理和加工，准备在宣传手册中使用。素材准备好后，开始制作宣传手册。

要求：

（1）手册采用大 32 开纸张，版心尺寸是 10 厘米 ×14 厘米。

（2）手册需要页眉、页脚和页码，并且在内部插入一些图片，使版面生动活泼。

（3）除了封面、封底和目录页之外，正文页需要 10 页。

（4）对封面、封底页的要求是体现绿色环保，正文页的内容应该图文并茂，体现祖国繁荣昌盛和人民幸福快乐。

（5）要求尽量用数据说话，还需要用图表来直观地表现数据的效果。

（6）完成手册的制作后需要写训练报告，主要回顾制作中采用的新技术和运用的基础知识，同时总结自己和小组成员的收获、体会。

拓展训练二　制作"校园周刊"

任务描述：自用数码相机和扫描仪等设备将实物或印刷图片素材转换为计算机文件。经过适当的处理和加工，准备在制作"校园周刊"中使用。

要求：

（1）刊物采用自定义纸张，版心尺寸是 22 厘米 ×25 厘米。

（2）刊物的页眉预留 30 厘米的高度，在内部插入学校的 LOGO，体现学校特色。

（3）刊物包括封面、目录、32 页正文页和封底（正文页的格式基本相同，只制作 5 页就可以了）。

（4）封面的画面体现"春意盎然"，封底的画面体现"硕果累累"，周刊的名称是"春华秋实"。正文页的内容应该图文并茂，体现校园中的学习氛围和进步气息。

（5）要求全面运用文字、图片和表格相结合的方式来表现具体的内容，或者用图表来表现一些数据，如学习成绩、竞赛结果、学习目标等。

（6）完成周刊的制作后需要写训练报告，回顾制作中采用的技巧、新知识和新创意。全组学生要联合写一篇训练纪实（学习体会与合作交流）。

综合技能训练五

统计报表制作

Excel 是微软办公套装软件的一个重要组成部分，它可以进行各种数据处理、统计分析和辅助决策操作，广泛地应用于管理、统计财经和金融等领域。

在日常的工作和生活中，经常使用 Excel 对数据进行计算，比如学生的成绩、家庭的水电费等；还会用 Excel 对数据进行统计分析，比如学生成绩的统计、调查数据的统计等。

 任务描述

某市对需要取得高中水平学历的成人进行了数学、语文和英语的水平测试。在测试中使用手写的、Word 文档格式的以及 Excel 文档格式的报名表，还有以 Excel 格式保存的成绩表。现在需要分析学生的报名情况和考试情况，得到相关的数据分析结果，形成统计报告。

根据需要，得到的统计图表有下面几项。

1. 男女比例分配饼图（见图 5-1）

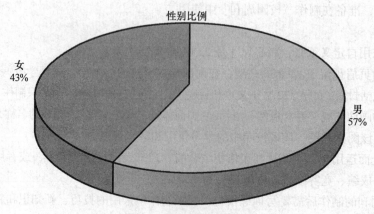

图5-1　男女比例分配饼图

2. 年龄对比柱图（见图 5-2）

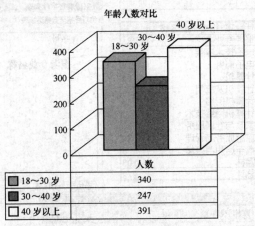

	人数
18~30 岁	340
30~40 岁	247
40 岁以上	391

图5-2　年龄对比柱图

3. 报考专业人数统计表（见图 5-3）

4. 语文考试成绩统计表（见图 5-4）

专业	人数	比例
电子技术应用	114	11.70%
电子商务	110	11.20%
计算机	54	5.50%
计算机及应用	391	40.00%
计算机网络	66	6.70%
计算机网络技术	3	0.30%
家政与社区服务	50	5.10%
旅游服务与管理	84	8.60%
汽车运用与维修	3	0.30%
园林	103	10.50%
总计	978	

图5-3　报考专业人数统计表

报考人数	978	
缺考人数	145	
考试人数	833	
最高分	96	
最低分	47	
分数段	人数	比例
>=85	159	19.09%
>=70并且<85	435	52.22%
>=60并且<70	230	27.61%
<60	9	1.08%
合计	833	
通过	824	98.92%
未通过	9	1.08%

图5-4　语文考试成绩统计表

5. 语文考试成绩柱图（见图 5-5）

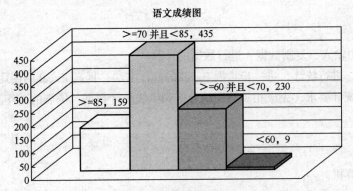

图5-5　语文考试成绩柱图

6. 报考专业人数数据透视表和数据透视图（分别见图 5-6（a）和（b））

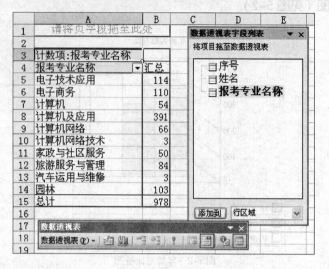

（a）

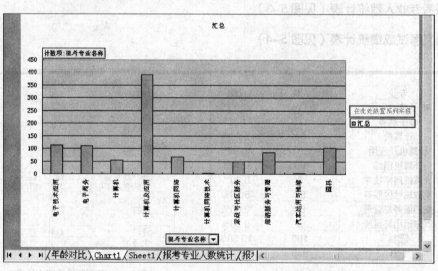

（b）

图5-6　报考专业人数数据透视表和数据透视图

 技能目标

- 在 Excel 中输入、复制数据，进行数据的计算。
- 生成图表，进行统计，进一步掌握 Excel 的操作方法，提高 Excel 的使用技巧。
- 能够根据统计要求，完成相关数据的分析和生成统计数据、图表的工作。

 环境要求

- 硬件：计算机。
- 软件：Microsoft Office 2003。

任务分析

在进行统计时，Excel 能够对数据进行处理，可以完成使用表格的形式对原始数据进行格式化处理，可以根据原始数据进行快速的计算，可以根据数据进行统计运算，得到相关的图表等。

为了完成一个统计报表的制作，需要制订一套完整的工作程序。

（1）分析统计报表需求。在进行统计报表的制作之前，首先需要明确的是要进行什么样的统计分析，也就是分析什么内容，要什么样的分析结果。如果是针对自身的项目，可能会了解需要进行怎样的分析，也很清除各种数据之间的运算关系。但是在协助其他人进行数据分析时，要和需要数据结果的人员进行交流，得到数据之间的关系和对统计结果的要求。

本项目需要进行如下的分析统计。

· 统计男、女报名的比率。

· 统计年龄段的比率。

· 统计各专业的报名比率。

· 统计各学科的最高分、平均分、及格率和优秀率。

· 对各学科进行分数段的统计。

（2）整理原始数据，建立数据表。在了解了需求后，要将基本数据保存到 Excel 电子表格中。在实际应用中，经常会出现原始文字稿的手写数据，还有部分是文本文件或者 Word 文档。当然，如果基本数据就是以 Excel 文档的格式保存的，在进行基本数据整理时，是最为方便、快捷的。

在建立数据表时，应当将原始数据尽量保存在一个工作表中。如果涉及不同的分类内容，应当为其建立不同的工作表。

（3）计算数据。建立了原始数据后，需要使用公式、函数等来计算出新的数据。比如，对于学生的学习成绩经常会使用 sum 函数，求出成绩和；当需要求出某些数据占全部数据的百分比时，需要使用公式进行计算。

在进行计算时，要注意使用相对引用和绝对引用，尽量避免使用常数。

（4）统计、分析数据。当需要对原始数据进行统计时，经常会使用数据中的排序、筛选和分类汇总等功能，对数据进行综合处理，得到相关的数据结果。针对这些数据结果，进行计算、生成图表等再处理。

（5）生成图表。当得到分析的数据后，一般会将这些数据转换为图表方式。使用图表方式，最主要的好处是将枯燥的数据图形化，使数据表现得更加直观。

（6）分析结果，生成统计报告。根据数据统计的结果和图表，得到相关的数据支持。可以将这些数据、图表添加到分析报告中，从而提高分析报告的说服力。

在进行数据统计分析，完成统计报表制作时，经常会将第（3）、（4）、（5）工作程序任意混合使用。

任务一　建立数据表

根据手写的数据、文本文件和 Word 文档生成原始的数据图表。

在《计算机应用基础》配套教材中已经学习了如何进行各种类型的数据录入。在 Excel 中，可以简单地将数据类型分为文本和数值两大类。文本除了链接，不能进行其他的运算。数值可以进行各种数学运算。有些数据看似数值，但是应当是文本格式，比如邮政编码、身份证、电话号码等。

步骤 1， 建立一个新的工作簿，并保存为"统计报表"；重命名 Sheet1 工作表为"原始数据"，如图 5-7 所示。

图5-7　重命名工作表

步骤 2， 复制 Word 文档中的内容。选择 Word 文档中的表格，并复制到剪贴板。注意选择时，只是选择需要的数据，如图 5-8 所示。

学校名称(盖章):某市***学校　　　　联系人:***　　　　联系电话:12345678

序号	姓名	性别	身份证号	学历	报考专业名称	工作情况		报考科目(画√)		
						单位名称	岗位工种名称	语文	数学	英语
1	顾俊红	女	110222197211220860	初中	计算机	国泰商厦	营业员	√	√	
2	葛永跃	男	110222199103256611	初中	计算机	石园北区 63-3-401	居民	√	√	√
3	刘璐云	男	110222198903225712	初中	计算机	龙湾屯镇本村	农民	√	√	
4	徐美美	女	130981198412032440	初中	计算机	丰伯镇美发店	美发师	√		
5	路 明	男	371481198201154817	初中	计算机	金马化工设备厂	电工	√	√	
6	郭小丽	女	130824198512124526	初中	计算机	河北深平马营子村	个体	√	√	
7	门 博	男	110222199002285712	初中	计算机	龙湾屯	个体工商户	√	√	
8	乔欣亮	男	152323198712011210	初中	计算机	杨镇乡政府	保安员	√	√	

图5-8　选择需要的数据

步骤 3， 在 Excel 工作表中设置整个区域的单元格格式为"文本"，如图 5-9 所示。

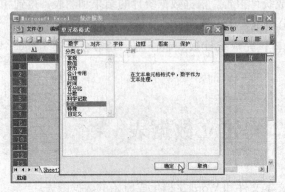

图5-9　设置单元格格式

设置为文本格式的目的是保证"身份证号"不作为数值处理。

步骤4，在工作表的 B2 单元格上右击鼠标，单击"选择性粘贴"，如图 5-10 所示。

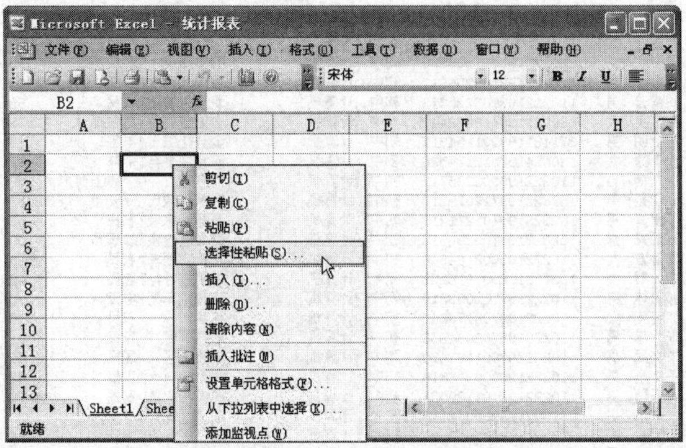

图5-10 准备粘贴

进行选择性粘贴的目的是去除 Word 文档中的格式，将数据作为纯文本粘贴到
Excel 中。

步骤5，选择"文本"，粘贴剪贴板中的内容。粘贴后的结果如图 5-11 所示。此时"身份证号"
中的内容，在 Excel 中作为文本处理。

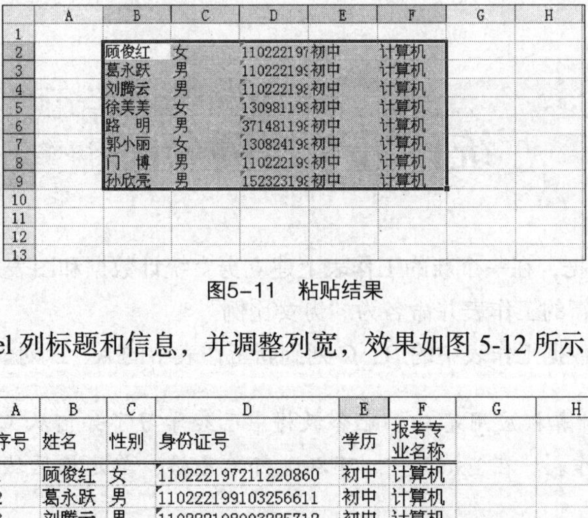

图5-11 粘贴结果

步骤6，添加 Excel 列标题和信息，并调整列宽，效果如图 5-12 所示。

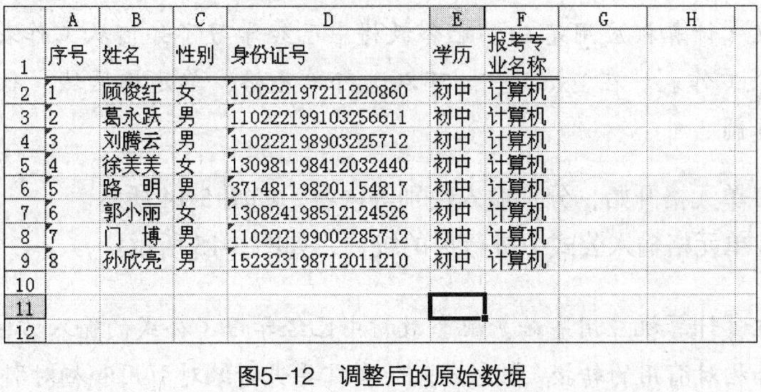

	A	B	C	D	E	F	G	H
1	序号	姓名	性别	身份证号	学历	报考专业名称		
2	1	顾俊红	女	110222197211220860	初中	计算机		
3	2	葛永跃	男	110222199103256611	初中	计算机		
4	3	刘腾云	男	110222198903225712	初中	计算机		
5	4	徐美美	女	130981198412032440	初中	计算机		
6	5	路 明	男	371481198201154817	初中	计算机		
7	6	郭小丽	女	130824198512124526	初中	计算机		
8	7	门 博	男	110222199002285712	初中	计算机		
9	8	孙欣亮	男	152323198712011210	初中	计算机		
10								
11								
12								

图5-12 调整后的原始数据

步骤7，重复以上操作，完成原始数据的建立。建立后的原始文档如图 5-13 所示，共有 978

条记录。

难点提示 当 Word 表格中的内容占用多行时，粘贴到 Excel 中会出现错误。这时应当先调整 Word 表格中的原始内容，使每个单元格中的内容只占用一行。

	A	B	C	D	E	F	G	H	I	J	K
1	序号	姓名	性别	身份证号	学历	报考专业名称	单位名称	岗位或工种	语文	数学	英语
2	1	顾俊红	女	110222197211220860	初中	计算机	国泰商厦	营业员	95	97	
3	2	葛永跃	男	110222199103256611	初中	计算机	石园北区63-	居民	72	83	
4	3	刘腾云	男	110222198903225712	初中	计算机	龙湾屯镇本村	农民	62	79	
5	4	徐美美	女	130981198412032440	初中	计算机	丰伯镇美发	美发师	72	90	
6	5	路 明	男	371481198201154817	初中	计算机	金马化工设备	电工	90	99	
7	6	郭小丽	女	130824198512124526	初中	计算机	河北滦平马	个体	90	84	
8	7	门 博	男	110222199002285712	初中	计算机	龙湾屯	个体工商户	66	64	
9	8	孙欣亮	男	152323198712011210	初中	计算机	杨镇乡政府	保安员	63	77	
10	9	孙新贺	男	152323199401271212	初中	计算机	高丽营水坡村	农民	52	79	
11	10	石振兴	男	152823198705294918	初中	计算机	顺义区检察	炊事员	96	85	
12	11	皮雪岩	女	110222199008184840	初中	计算机	北小营西乌	农民	88	83	
13	12	李 雷	男	152123198901015121	初中	计算机	内蒙古呼伦	农民	96	78	
14	13	郭海林	男	110222197712063816	初中	计算机	南彩机车配	电工	90	78	
15	14	陈宝英	女	110222198708173849	初中	计算机	河南村		76	70	
16	15	张 犟	男	110222198708094833	初中	计算机	木林茶棚	农民	91	90	
17	16	朱文武	男	110222199001082470	初中	计算机	建新南区	居民	56	75	
18	17	任 金	男	110222100009213019	初中	计算机	北小营村	农民	02	79	
19	18	周玉超	男	110222198701120031	初中	计算机	杨镇田家营	农民	77	70	
20	19	张志永	男	131022198909071113	初中	计算机	顺义区保安	保安	89	96	
21	20	于国徽	男	320321198607060499	初中	计算机	顺义区保安	保安	86	95	
22	21	张 岩	男	370724199102062610	初中	计算机	仁和平各庄	农民	90	86	
23	22	张荣梅	女	410328197704034526	初中	计算机	梅沟营市场	建材销售	92	80	

图5-13　建立好的原始数据表

小组交流 在基本数据的生成过程中，遇到了哪些困难？你是如何解决的？

任务二　统计男女比例分配

根据建立的原始数据，在一个新的工作表上建立男女统计数据和图表。

步骤1，建立一个新的工作表并命名为"男女比例"。

步骤2，复制原始数据工作表中的B、C列到新工作表中的A、B列。

知识回顾 在《计算机应用基础》配套教材中已经学习了如何从工作表中复制信息到另外一个工作表。在 Excel 中，可以进行单元格、单元格区域、行、列和整个工作表的复制。

步骤3，从D2单元格开始，分别输入性别等内容，如图5-14所示。

步骤4，在E3单元格输入公式，进行男的统计，如图5-15所示。

知识回顾 在《计算机应用基础》配套教材中已经学习了公式的输入方法，并学习了绝对引用和相对引用的转换。在 Excel 中，当需要进行绝对引用和相对引用的相互转换时，可以按F4键。

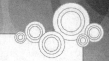

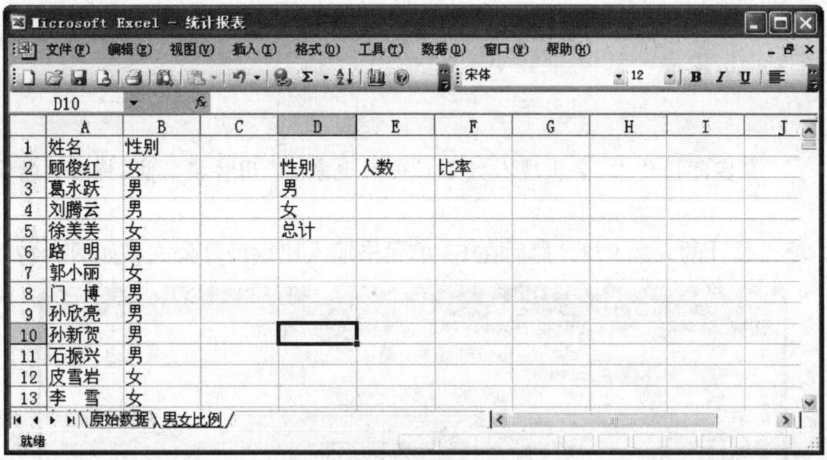

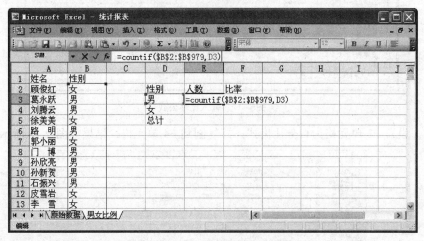

Microsoft Excel - 统计报表
文件(F) 编辑(E) 视图(V) 插入(I) 格式(O) 工具(T) 数据(D) 窗口(W) 帮助(H)
宋体 12
D10
姓名 性别
顾俊红 女
葛永跃 男
刘腾云 男
徐美美 女
路 明 男
郭小丽 女
门 博 男
孙欣亮 男
孙新贺 男
石振兴 男
皮雪岩 女
李 雪 女
性别 人数 比率
男
女
总计
原始数据 男女比例
就绪

图5-14 建立性别统计信息

Microsoft Excel - 统计报表
文件(F) 编辑(E) 视图(V) 插入(I) 格式(O) 工具(T) 数据(D) 窗口(W) 帮助(H)
SUM
=countif($B$2:$B$979,D3)
姓名 性别
顾俊红 女
葛永跃 男
刘腾云 男
徐美美 女
路 明 男
郭小丽 女
门 博 男
孙欣亮 男
孙新贺 男
石振兴 男
皮雪岩 女
李 雪 女
性别 人数 比率
男 =countif($B$2:$B$979,D3)
女
总计
原始数据 男女比例
编辑

图5-15 输入统计公式

资源链接

查看 Excel 的帮助文档，学习 countif 函数的使用规则。

步骤 5，使用填充柄复制 E3 单元格的公式到 E4 单元格，如图 5-16 所示。

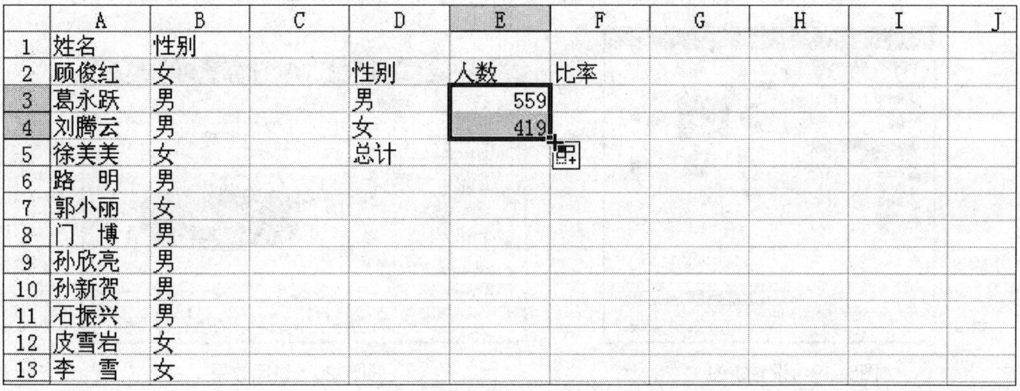

姓名 性别
顾俊红 女
葛永跃 男
刘腾云 男
徐美美 女
路 明 男
郭小丽 女
门 博 男
孙欣亮 男
孙新贺 男
石振兴 男
皮雪岩 女
李 雪 女
性别 人数 比率
男 559
女 419
总计

图5-16 复制公式

知识回顾　在《计算机应用基础》配套教材中已经学习了填充柄的使用方法，在使用时注意光标的变化。

 难点提示　在实际操作中，会出现人数不正确的现象。使用替换功能，将B列的空格都删除。

步骤6，填入总计的人数978。然后在F3单元格输入比率计算公式，如图5-17所示。

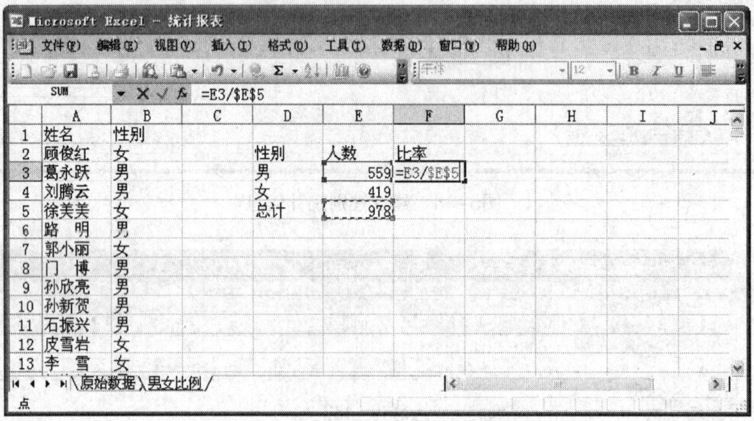

图5-17　输入比率公式

步骤7，设置F3单元格为百分比格式，并复制到F4单元格，结果如图5-18所示。

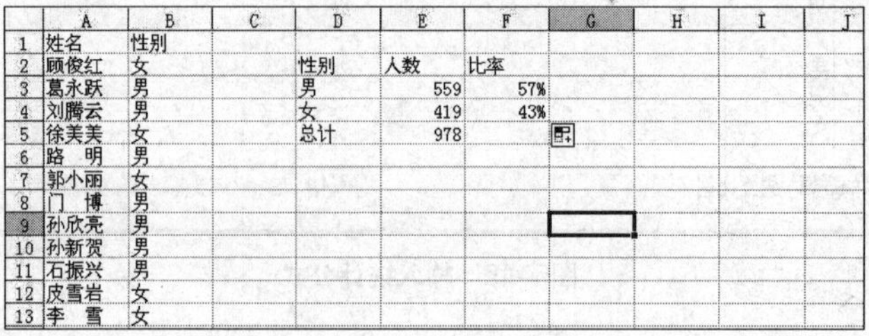

图5-18　设置为百分比格式

步骤8，选择D2到E4单元格，使用图表向导，生成饼图。进入图表向导的第1步如图5-19所示。

步骤9，单击"下一步"按钮，进入图表向导第2步，使用默认选项，单击"下一步"进入图表向导第3步。设置标题为"性别比例"，不显示图例，在"数据标志"选项卡中的设置如图5-20所示。

图5-19　设置饼图

图5-20　饼图效果

106

步骤10， 完成图表向导，最后的效果如图 5-21 所示。

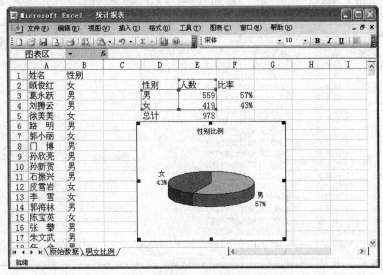

图5-21　最后的效果

步骤11， 将饼图和统计的数据，填入统计报告。

如何更好地设置公式，使公式能够进行复制？

任务三　制作年龄对比柱图

与统计男女比例的过程类似，根据建立的原始数据，在一个新的工作表上建立年龄对比数据和图表。

在原始数据中，没有年龄数据，只有身份证号数据。需要根据身份证号信息，得到相关的年龄。

步骤1， 建立一个新的工作表并命名为"年龄对比"。
步骤2， 设置工作表的所有单元格为"文本"格式。
步骤3， 复制原始数据工作表中的 A、B、D 列到新工作表中的 A、B、C 列。

在《计算机应用基础》配套教材中已经学习了 Excel 中不连续区域的选取方法，注意按住 Ctrl 键进行选取。

步骤4， 设置"年龄对比"工作表的 D 列所有单元格为"常规"格式。
步骤5， 在 D2 单元格输入求出生年公式，如图 5-22 所示。

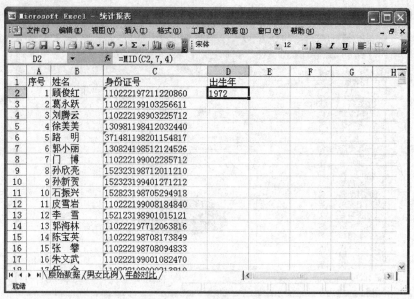

图5-22 输入截取年的公式

查看 Excel 的帮助文档，学习 MID 函数的使用规则。

步骤6，使用填充柄复制，求出所有的出生年。

步骤7，设置 E 列所有单元格为"常规"格式，在 E2 单元格输入求年龄的公式，如图 5-23 所示。

图5-23 输入求年龄的公式

查看 Excel 的帮助文档，学习 Year 和 Today 函数的使用规则。

步骤 8， 使用填充柄复制，求出所有的年龄。并仔细查看年龄是否有错误。若有，查看前面的身份证是否有错误。

步骤 9， 在 G2 单元格至 I2 单元格中建立如图 5-24 所示的表格，并将其格式设置为"常规"。

年龄	人数	比率
18-30岁（含30岁）		
30-40岁（含40岁）		
40岁以上		
合计		

图5-24　表格

步骤 10， 在 H3 单元格输入统计年龄段的公式，如图 5-25 所示。

步骤 11， 在 H4、H5 单元格复制 H3 的公式，并修改相应的条件。H4 修改为"<=40"，H5 修改为">40"。

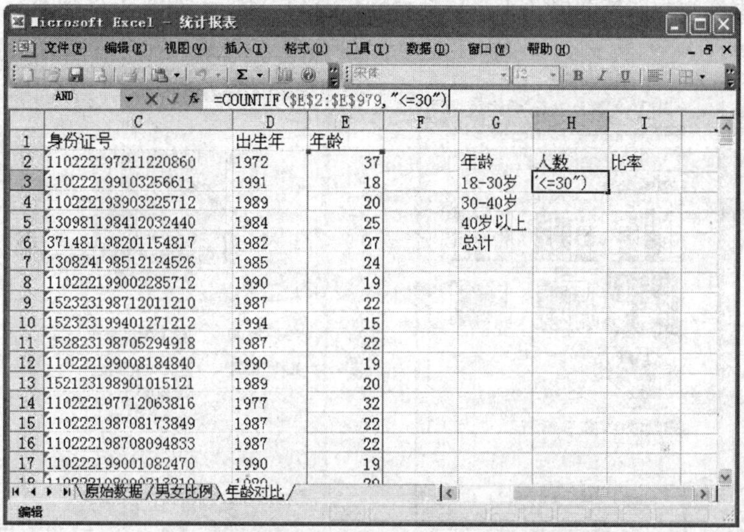

图5-25　输入统计年龄段的公式

步骤 12， 继续修改 H4 单元格的公式，在公式后加入"-H3"，如图 5-26 所示。

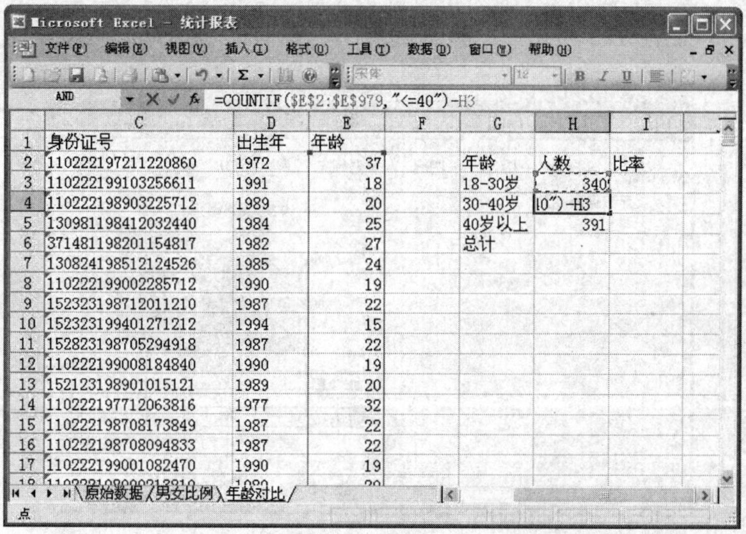

图5-26　修改公式

步骤 13, 根据任务二中讲解的操作,完成比率的计算,结果如图 5-27 所示。

	C	D	E	F	G	H	I
1	身份证号	出生年	年龄				
2	110222197211220860	1972	37		年龄	人数	比率
3	110222199103256611	1991	18		18-30岁	340	35%
4	110222198903225712	1989	20		30-40岁	247	25%
5	130981198412032440	1984	25		40岁以上	391	40%
6	371481198201154817	1982	27		总计	978	
7	130824198512124526	1985	24				
8	110222199002285712	1990	19				
9	152323198712011210	1987	22				

图5-27 完成比率运算

步骤 14, 选择 G2 至 H5 区域,使用图标向导生成图表,进入图表向导的第 1 步如图 5-28 所示。

步骤 15, 进入图表向导的第 2 步,选择系列产生在"行",如图 5-29 所示。

图5-28 选择柱图

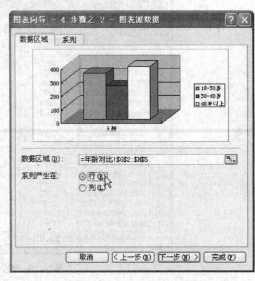

图5-29 选择系列产生在"行"

步骤 16, 进入图表向导的第 3 步,在"数据表"选项卡中选择"显示数据表"复选框,如图 5-30 所示。

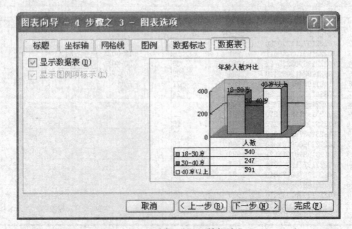

图5-30 选择"显示数据表"

步骤 17，完成图表向导，调整生成图表的位置和大小，并调整表中各种元素的字体，最后的效果如图 5-31 所示。

 难点提示 修改图表中各种元素的字体、字号，注意取消"自动缩放"，字号统一定义为 10 磅。

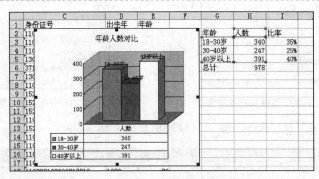

图5-31　生成的柱图

步骤 18，将柱图和统计的数据，填入统计报告。

 经验总结 如何更好地设置图表中各种元素的字体、字号和颜色等内容？

 小组交流 你设置了图表中的哪些元素？请将设置的技巧与大家分享。

任务四　制作报考专业人数统计表

报告专业人数统计表也可以采用任务二和任务三的方法完成。但是，当专业比较多、比较复杂时，对专业的人工统计和输入会很麻烦。针对这种情况，可以使用 Excel 提供的排序、筛选和分类汇总等功能，进行统计。

 知识回顾 在《计算机应用基础》配套教材中已经学习了如何进行排序、筛选和分类汇总。在此任务中，需要使用分类汇总功能，在分类汇总前需要进行排序。

步骤 1，建立一个新的工作表并命名为"报考专业人数统计"。

步骤 2，设置工作表的所有单元格为"文本"格式。

步骤 3，复制原始数据工作表中的 A、B、F 列到新工作表中的 A、B、C 列。

步骤4，选择"数据"／"排序"命令，使用"报考专业名称"为排序关键字，如图5-32所示。

步骤5，选择"数据"／"分类汇总"命令，对话框设置如图5-33所示。

图5-32　选择排序关键字　　　　　　　　　　图5-33　分类汇总设置

步骤6，单击分类汇总后的第2级，显示结果如图5-34所示。

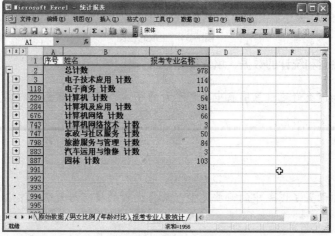

图5-34　分类汇总结果

步骤7，建立一个新的工作表并命名为"报考专业人数统计结果"。

步骤8，将图5-34中的每条汇总结果分别复制到新的"报考专业人数统计结果"工作表中，复制后的效果如图5-35所示。

图5-35　统计结果

在选择汇总行时，注意使用分隔区域的选择方法。将数据粘贴到新表中时，注意选择粘贴值。

步骤9，删除 B 列中的"计数"两个字。

可以使用替换功能删除"计数"这两个字。

步骤10，按照任务二和任务三的做法，填入相关的表头文字，计算比例，可以得到如图 5-36 所示的结果。

	A	B	C	D	E	F	G	H
1								
2		专业	人数	比例				
3		电子技术应用	114	11.7%				
4		电子商务	110	11.2%				
5		计算机	54	5.5%				
6		计算机及应用	391	40.0%				
7		计算机网络	66	6.7%				
8		计算机网络技术	3	0.3%				
9		家政与社区服务	50	5.1%				
10		旅游服务与管理	84	8.6%				
11		汽车运用与维修	3	0.3%				
12		园林	103	10.5%				
13		总计	978					
14								

图5-36 计算比例

替换除了删除文字外，还能完成哪些操作？

任务五 语文考试成绩统计和图表生成

步骤1，建立一个新的工作表并命名为"报考专业人数统计"。

步骤2，设置工作表的所有单元格为"文本"格式。

步骤3，复制原始数据工作表中的序号、姓名和成绩分别列到新工作表中的 A、B、C 列。

步骤4，手工将数据表中空白位置均填入"缺考"。

还有什么方法能够避免手工操作？

步骤5，在数据表的 E2 至 E6 单元格中填入文字，如图 5-37 所示。

	A	B	C	D	E	F	G
1	序号	姓名	成绩				
2	1	刘帅	77		报考人数		
3	2	张毅	68		缺考人数		
4	3	李强	76		考试人数		
5	4	董伟	68		最高分		
6	5	景庆军	61		最低分		
7	6	王豪	60				
8	7	平亚运	62				

图5-37 填入需要计算的内容

步骤6, 在数据表的 F2 至 F4 单元格进行相应的计算,计算结果如图 5-38 所示。

	A	B	C	D	E	F	G
1	序号	姓名	成绩				
2	1	刘帅	77		报考人数	978	
3	2	张毅	68		缺考人数	145	
4	3	李强	76		考试人数	833	
5	4	董伟	68		最高分	96	
6	5	景庆军	61		最低分	47	
7	6	王豪	60				
8	7	平亚运	62				

图5-38　计算结果

缺考人数的统计应当使用 countif 函数,条件是"=缺考";最高分的统计应当使用 max 函数,最低分的统计应当使用 min 函数。

步骤7, 在数据表的 E8 至 E16 单元格进行填入文字,如图 5-39 所示。

	A	B	C	D	E	F	G	H	I
1	序号	姓名	成绩						
2	1	刘帅	77		报考人数	978			
3	2	张毅	68		缺考人数	145			
4	3	李强	76		考试人数	833			
5	4	董伟	68		最高分	96			
6	5	景庆军	61		最低分	47			
7	6	王豪	60						
8	7	平亚运	62		分数段	人数	比例		
9	8	郭波	62		>=85				
10	9	王晓鹏	74		>=70并且<85				
11	10	闫海亮	65		>=60并且<70				
12	11	申泽敏	63		<60				
13	12	王丽超	64		合计				
14	13	李海新	61						
15	14	贾伟	71		通过				
16	15	武新	66		未通过				
17	16	沃亚运	67						

图5-39　填入需要统计的内容

步骤8, 在数据表中进行相应的计算,计算结果如图 5-40 所示。

	A	B	C	D	E	F	G	H	I
1	序号	姓名	成绩						
2	1	刘帅	77		报考人数	978			
3	2	张毅	68		缺考人数	145			
4	3	李强	76		考试人数	833			
5	4	董伟	68		最高分	96			
6	5	景庆军	61		最低分	47			
7	6	王豪	60						
8	7	平亚运	62		分数段	人数	比例		
9	8	郭波	62		>=85	159	19.09%		
10	9	王晓鹏	74		>=70并且<85	435	52.22%		
11	10	闫海亮	65		>=60并且<70	230	27.61%		
12	11	申泽敏	63		<60	9	1.08%		
13	12	王丽超	64		合计	833			
14	13	李海新	61						
15	14	贾伟	71		通过	824	98.92%		
16	15	武新	66		未通过	9	1.08%		
17	16	沃亚运	67						

图5-40　计算结果

还能进行哪些和成绩有关的统计计算?

步骤9，根据分数段情况，生成柱图。生成结果如图 5-41 所示。

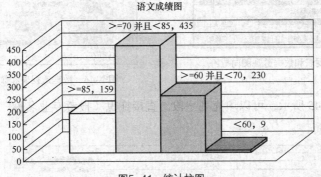

图5-41　统计柱图

如何完成数学、英语的成绩统计和图表制作？请尝试完成。

任务六　报考专业人数数据透视表和数据透视图的生成

使用数据透视表和数据透视图，可以自动生成报考人数的数据统计表和分析图。

步骤1，进入"报考专业人数统计"工作表，调用"数据"/"分类汇总"/"全部删除"命令，删除分类汇总。

步骤2，使用"数据"/"数据透视表和数据透视图"命令，出现"数据透视表和数据透视图向导"如图 5-42 所示。

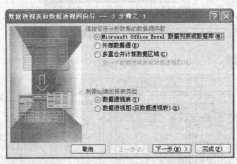

图5-42　数据透视表和数据透视图向导1

步骤3，单击"下一步"按钮，系统自动选择了工作表中的 A、B、C 列中数据，如图 5-43 所示。

步骤4，单击"下一步"按钮，选择"新建工作表"，然后单击"完成"按钮，如图 5-44 所示。

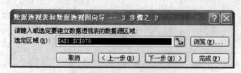

图5-43 数据透视表和数据透视图向导2

图5-44 数据透视表和数据透视图向导3

步骤5，如图5-45所示，可以填充列字段。直接拖曳"报考专业名称"到列字段，Excel会自动筛选出相关内容。

图5-45 填充列数据后的结果

步骤6，如图5-46所示，再次拖曳"报考专业名称"到数据项处。

图5-46 填充数据

生成结果如图5-47所示。

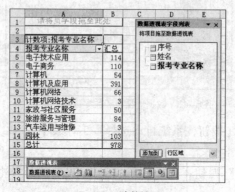

图5-47 计数结果

步骤7，单击"数据透视表"工具栏中的"图表"按钮，可以直接生成数据透视图，结果如图5-48所示。

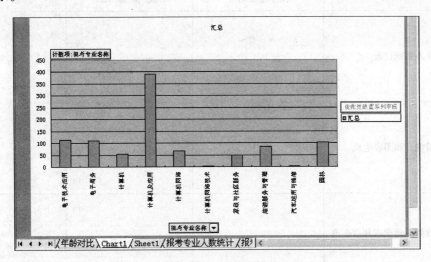

图5-48　数据透视图

评价交流

学生自评表

	任务完成情况	经 验 总 结	小组讨论发言
建立数据表			
统计男女比例分配			
制作年龄对比柱图			

续表

	任务完成情况	经 验 总 结	小组讨论发言
制作报考专业人数统计表			
语文考试成绩统计和图表生成			
报考专业人数数据透视表和数据透视图的生成			

拓展训练　期末考试统计报表制作

要求：

收集期末考试成绩，并调查教师的需求，为教师生成期末考试统计报表。

提示：

可以分小组完成不同科目统计报表的制作。

综合技能训练六

电子相册制作

数字图像技术是计算机多媒体应用领域的一项重要技术,它不仅可以将原先只能保存在底片、纸张上的照片和图画以数字的方式存储在计算机中,还可加以任意的复制,并可使用功能强大的图像处理软件,对数字图像进行加工处理,创造出堪比梦幻的图像特效。

在现实生活中,人们常常将一些照片按相应主题组合在一起,制作成相册,并保存、展示和发布照片。能否在计算机中,将我们所收集的各种原始素材的图片(底片、照片、手绘或印刷图片、数码照片、图像文件等)经过处理,变成可随时展示的电子相册呢?本技能训练将带领大家完成这一工作。

 **任务描述**

有一些图片素材需要整理,包括洗印好的照片,数码相机拍摄的照片,以及需要从屏幕截取的图片,现在需要将它们重新整理并进行简单的处理,分别生成可以在网页中使用的 HTML 格式和可以用于浏览的 PDF 格式电子相册,如图 6-1 所示。

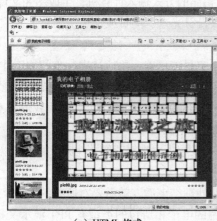
（a）HTML 格式

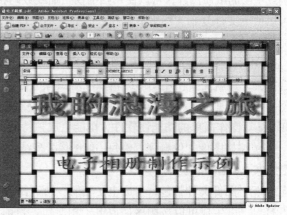
（b）PDF 格式

图6-1　HTML和PDF格式电子相册文件浏览效果

技能目标

- 使用扫描仪、数码相机等工具或计算机自带的屏幕截取功能获取图像，将其导入计算机。
- 使用图像编辑软件对图像进行裁剪、颜色处理、特效处理，在照片上加入文字并进行保存。
- 对图像进行编号并确定相册播放顺序。
- 创建有主题、用于不同环境的电子相册（PDF 文档和 HTML 网页文件）。

 环境要求

- 硬件：多媒体计算机、扫描仪、数码相机等。
- 软件：Windows XP 操作系统，ACDSee Pro 2 图像处理软件。
- 素材：照片和图片素材。

任务分析

　　要制作电子相册，首先需要对所掌握的相册素材进行收集归类，然后将其输入计算机中以图像文件的形式保存起来，并使用图像处理软件对这些图像文件进行处理，如裁剪、修复、颜色调整、特效处理和加入文字等，之后将图像文件按顺序编号，组织成相册，以图片光盘、PDF 文档或 HTML 网页的方式进行打包，最终即可创建可随时展示的电子相册。

　　制作电子相册，需要完成以下工作。

　　（1）构思主题，收集相应的图片素材。要制作电子相册，首先要确定主题，即要明确制作什么题材的相册，相册展示的内容是什么，然后根据主题收集相应的素材。

　　（2）根据所选的素材，编写电子相册的制作脚本。要制作电子相册，在素材收集结束后，需要根据主题对素材进行筛选，然后结合主题和素材编写电子相册制作脚本，并在脚本中注明图片显示顺序、图片上需要的文字提示等，这样最后制作出的电子相册才有主题，才更能吸引人。

　　（3）将原始的图片素材输入计算机，生成图像文件。对于原始的图片素材，如照片、底片和印刷或手绘的纸质图片，可以使用扫描仪扫描或数码相机拍照的方式输入计算机，生成图像文件；也可以使用文件复制、网络下载和截取屏幕图像等方法从素材光盘、网页或计算机屏幕上获取图像文件。

　　（4）对图像文件进行处理。新采集到的图像文件不一定尽善尽美，要通过进一步的加工才能符合需要，这就需要使用图形编辑软件对图像进行处理。图像文件的处理包括裁剪、修复、颜色调整、特效处理和加入文字等，可以使用功能强大、使用广泛的 Photoshop，也可以使用我形我素、ACDSee 等操作简单的功能性软件，也能生成独特的创意效果。

　　（5）编排图像文件顺序。对每一幅图像处理结束后，需要根据脚本对图像文件进行编号，以确定最终电子相册的播放顺序。

　　（6）对图像文件打包，生成电子相册。所有图像文件处理结束后，就需要对所有的图像文件进行打包，以生成可以按顺序播放电子相册包。目前常用的电子相册包的类型有 PPT 演示文档、PDF 电子出版文档、HTML 网页相册和可以在 VCD 或 DVD 上播放的图片光盘。

任务一 构思相册主题，收集素材

以学习小组为单位，共同收集一些相关的图片素材，构思一个有创意的相册主题。

收集的素材可以包含以下类型。

- 原始照片。
- 使用数码相机拍摄的电子照片。
- 从网络或图片素材光盘中复制或下载的图像文件。
- 从计算机屏幕上截取的图像。

根据所提供的图片素材，本技能训练构思的主题为《我的浪漫之旅》。

本书配套教学资源和网站上有训练任务所需的配套图像文件资源，同学们在学习时可以参照后面的步骤提示完成训练任务；也可以自己收集素材，另行构思主题，创建展示自己个性的电子相册。

（1）制作电子相册之前还应该注意哪些问题，怎样计划才更有效率？

（2）小组内部如何分工？

在综合训练中，建议将学生分为4人一个组，每组同学根据自身特点分别承担图片采集与输入、文字策划、图像美工和技术支持等工作，通过分工协作，共同完成任务。表6-1就可以由承担文字策划的同学根据小组共同构思的主题和所选的素材来确定自选图片素材的文字标题。

任务二 编写相册脚本

根据所选的素材和主题，编写电子相册的制作脚本。

电子相册的制作脚本如表6-1所示。

综合技能训练六

电子相册制作

表 6-1　　　　　　　　　《我的浪漫之旅》电子相册制作脚本

序号	示例的图片素材	示例的文字标题	自选的图片素材	自选的文字标题	备注
0		我的浪漫之旅			
1		我是一个计算机爱好者			
2		经常流连于屏幕中的绚丽风光			
3		我曾在故都的街头探寻过历史			
4		也曾在浦江岸边畅想着现实与未来			
5		在西子湖畔			
6		在金色阳光之中			
7		享受着美丽与惬意			
8		当驻足凝望			

序号	示例的图片素材	示例的文字标题	自选的图片素材	自选的文字标题	备注
9		才发现身边的世界同样精彩			
10		有相聚的友情			
11		有辛勤的耕耘			
12		也有丰收的喜悦			
13		当穿越时空隧道			
14		在童话的世界中			
15		找寻天使			
16		光影绚丽之中			
17		蓦然发现			

续表

序号	示例的图片素材	示例的文字标题	自选的图片素材	自选的文字标题	备注
18		美丽与希望			
19		始终伴随在我们身边			

任务三　生成图像文件

（一）扫描照片素材

在《计算机应用基础》配套教材 6.1.4 节中已经学习了多媒体素材的获取方法，特别是图片如何扫描到计算机内生成图像文件的操作。可以参照相关的实例，完成将原始图片素材输入到计算机，生成图像文件的操作。

步骤 1，根据照片素材的大小，将其拼接放至扫描仪的扫描面板上，如图 6-2 所示。

图6-2　将图片素材拼接放至扫描仪的扫描面板上

步骤 2，启动 ACDSee，单击"获取相片"按钮，选择"从扫描仪"命令，在打开的"获取相片向导"对话框中单击"下一步"按钮，选择源设备为扫描仪，选择配套的扫描仪类型，如图 6-3 所示。选择结束后单击"下一步"按钮进入"文件格式选项"界面。

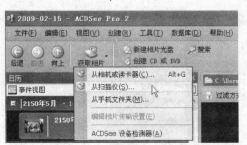

图6-3 选择从扫描仪获取图像板并选择扫描仪类型

 注意 示例所使用的扫描仪为方正 AnyScan－Z1000，希望读者注意。使用其他扫描仪时，注意型号的变化。

步骤3， 设置文件输出格式为JPG，然后单击"下一步"按钮进入"输出选项"界面，在"目标文件夹"选项区中设定文件名和目标文件夹，分别如图 6-4（a）、（b）所示。

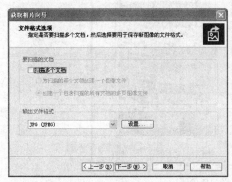

（a）　　　　　　　　　　　　　　　　（b）

图6-4 选择"文件输出格式"和目标文件夹

步骤4， 单击"下一步"按钮进入扫描仪设置界面，准备扫描图像，如图 6-5 所示。

步骤5， 单击"预览"按钮，以低分辨率查看整体扫描效果，如图 6-6 所示。

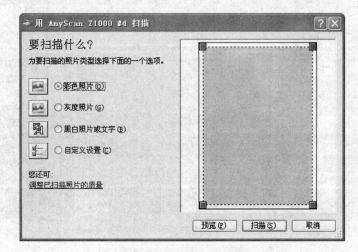

图6-5 扫描仪设置界面

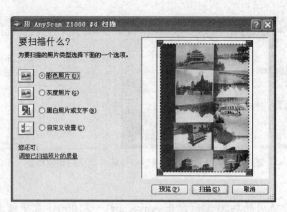

图6-6　扫描预览

步骤6，在预览图像上按下鼠标左键不放拖动鼠标，选择要扫描的区域，如图6-7所示。

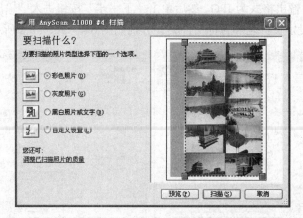

图6-7　选择扫描区域

步骤7，单击"扫描"按钮，开始扫描。稍等一会儿，扫描结束后，单击"下一步"按钮，在"正在完成获取相片向导"界面中单击"完成"按钮，可以在ACDSee中浏览扫描完的图像，如图6-8所示。

图6-8　扫描的图片缩略图

步骤8, 双击扫描的图片缩略图, 全屏显示, 可以看到如图 6-9 所示的扫描效果。注意图中扫描照片的不同摆放位置, 后面要进行调整。

图6-9 扫描后的照片效果

步骤9, 将组合扫描的图像素材进行裁剪切割, 变为独立的图像文件。

① 选择扫描后的图像文件,在选择的图片上右击鼠标,在弹出的快捷菜单中选择"编辑"命令,如图 6-10 所示, 进入图像编辑状态。

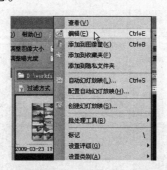

图6-10 选择"编辑"命令

② 选择"编辑面板"主菜单下的 <kbd>裁剪</kbd> 命令, 进入图像裁剪状态。选择编辑图像中左侧下方第 4 幅照片的位置, 移动裁剪加亮窗口并调整其边界, 使其加亮显示裁剪所要选择的图像区域, 如图 6-11 所示。然后单击"完成"按钮, 完成裁剪, 裁剪后的图像如图 6-12 所示。

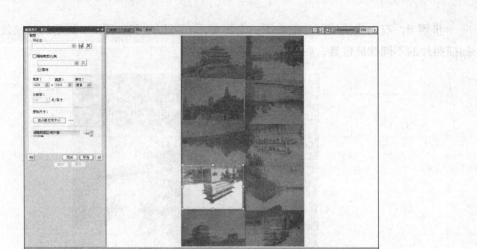

图6-11　裁剪左侧下方第4幅照片

图6-12　裁剪后的图像效果

③ 单击"完成编辑"按钮，在"保存更改"对话框中单击"另存为"按钮，输入一个与扫描文件图像不同的文件名（本例使用"A.JPG"命名图像文件名），然后单击"保存"按钮保存裁剪的第一幅照片。保存结束后效果如图6-13所示。

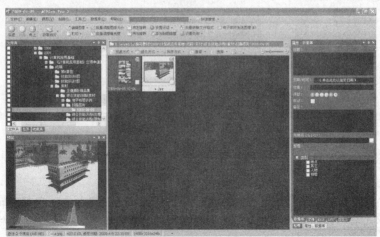

图6-13　保存结束后的效果

④ 由于所扫描的照片是倒置的，因此需要将图片翻正过来。选择裁剪后的图像，连续两次单击菜单栏中的 ⬚向右旋转 命令，可将图片翻正过来。图片翻正后的效果如图 6-14 所示。

图6-14　图片翻正后的效果

⑤ 重复步骤①~④，裁剪出其他部分图像，效果如图 6-15 所示。

图6-15　裁剪其他部分图像

　　在裁剪扫描仪扫描的图片后，需要观察原始图片的情况，如遇到曝光不足、照片模糊、人物红眼等情况，应该使用 ACDSee 的图像编辑功能进行一些修补。

（二）从屏幕截取图像素材

　　有些时候，一些图片素材的获取需要从计算机屏幕上直接截取。Windows XP 操作系统提供了特别的功能键可以实现这样的功能。也可以使用 HyperSnap 等专门的屏幕截取软件截取屏幕图像。

步骤 1，在 Windows XP 操作系统中单击"开始"按钮，选择"所有程序"菜单下的"附

件"/"写字板"命令，打开写字板程序，如图 6-16 所示。

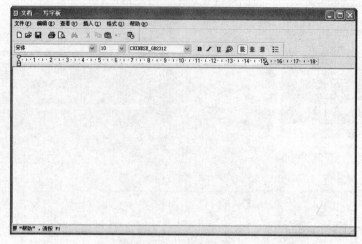

图6-16 写字板程序窗口

步骤2，确认写字板程序是当前打开窗口状态，按 Alt+ PrintScreen 组合键，截取当前窗口图像。

 在 Windows XP 操作系统中，PrintScreen 是一个独特的功能键。当使用 Alt+ PrintScreen 组合键时，可以将当前所打开窗口的屏幕图像复制到系统剪切板中，以便粘贴为嵌入图像或图像文件。而使用 Ctrl+ PrintScreen 组合键或 Shift+ PrintScreen 组合键，则可以截取整个屏幕的图像。

步骤3，启动 ACDSee，进入保存示例图片素材的文件夹，在缩略图视图中的空白处右击鼠标，在快捷菜单中选择"粘贴"命令，如图 6-17 所示。在打开的"剪贴板图像另存为"对话框内为截取的屏幕图像命名（本例使用"剪辑 .JPG"命名图像文件名），然后单击"保存"按钮保存截取的屏幕照片。保存结束后效果如图 6-18 所示。

图6-17 在快捷菜单中选择"粘贴"命令

图6-18　保存截取的屏幕照片后效果

从数码相机中获取图像文件的操作方法

（1）根据拍摄的内容及周围环境调节数码相机的参数，并进行拍摄。

（2）通过 USB 数据线将数码相机与计算机进行正确连接，打开相机电源开关，系统会自动进行检测，并将数码相机识别为一个移动存储设备。

（3）在资源管理器中打开数码相机内存储相片的文件夹，即可看到相片。

（4）拍摄的数码相片通常以 JPEG 格式保存，直接复制到计算机中即可使用。

任务四　对图像文件进行处理

　在《计算机应用基础》配套教材 6.2.1 节中较详细地介绍了在 ACDSee 中图像的简单处理方法，下面的操作可参照配套教材的实例完成。

步骤 1，将相关素材的图像文件使用复制命令集中在一个文件夹内，并启动 ACDSee 使用缩略图方式浏览这些图片，如图 6-19 所示。

步骤 2，处理电子相册封面图片。

① 选择名为"剪辑.JPG"的图像文件，在选择的图片上右击鼠标，在快捷菜单中选择"编辑"命令，进入图像编辑状态。

计算机应用基础综合技能训练

图6-19　相关素材的图像文件

② 选择"编辑面板"主菜单下的 效果 命令，进入效果编辑状态。在"选择类别"下拉列表框中选择"艺术效果"选项，然后选择效果集中的 交织 命令，实现交织艺术效果，如图 6-20 所示。调整"条纹宽度"、"间隙宽度"等参数，调整满意后连续两次单击"完成"按钮，完成图像"交织"效果的调整。

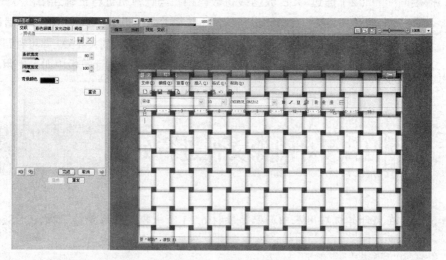

图6-20　"交织"效果

③ 选择"编辑面板"主菜单下的 添加文本 命令，进入添加文本编辑状态。在标有"文本"的编辑框内输入文字"我的浪漫之旅"，设置字体为"黑体"，大小为61，颜色为"红色"，并单击"文字加粗"按钮 **B**，选择"阴影"和"倾斜"复选框，其余按默认设置。然后拖动图像视图中的文字至图像上方，如图 6-21 所示。调整满意后单击"完成"按钮，完成文字添加。

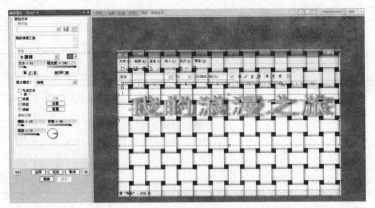

图6-21　添加文字效果

④ 单击"完成"按钮后退回到图像编辑状态。然后再次选择"编辑面板"主菜单下的
🅣 添加文本命令，进入添加文本编辑状态。在标有"文本"的编辑框内输入文字"电子相册制作
示例"，设置字体为"楷体"，大小为36，颜色为"蓝色"，并单击"文字加粗"按钮 **B**，选择"阴
影"和"倾斜"复选框，其余按默认设置。然后拖动图像视图中的文字至图像下方，如图6-22
所示。调整满意后单击"完成"按钮，完成第二组文字添加。

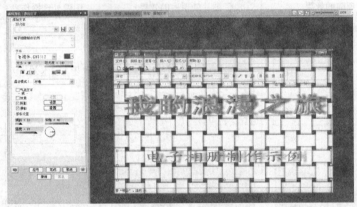

图6-22　添加第二组文字效果

⑤ 单击"完成编辑"按钮，在"保存更改"对话框中单击"另存为"按钮，将所编辑的文
件保存到另外一个目录中（目录名建议为"综合技能训练6处理后图片"），并命名为0.JPG，然
后单击"保存"按钮保存处理的第一幅图像。保存结束后效果如图6-23所示。

图6-23　处理第一幅图像后的效果

步骤 2 所进行的操作如表 6-2 所示。

表 6-2　　　　　　　　　　　　　　步骤 2 所进行的操作

序号	图片处理效果		添加文字参数	图像处理操作
0	处理前		我的浪漫之旅 电子相册制作示例	效果 / 艺术效果 / 交织

步骤 3，处理电子相册中的其他图片。

电子相册中的图像处理效果和具体操作如表 6-3 所示。

> **教师指导**　　在 ACDSee 中内置了许多图像处理功能，在完成本步骤操作时，应反复实验图像处理的每种功能，以求得到最佳的图像处理效果。

表 6-3　　　　　　　　　《我的浪漫之旅》电子相册图像处理效果与操作表

序号	图片处理前的效果	图片处理后的效果	图像处理操作	添加文字参数
0			效果 / 艺术效果 / 交织	我的浪漫之旅 电子相册制作示例
1			剪裁，杂点 / 消除杂点，效果 / 艺术效果 / 晕影	
2			效果 / 绘画 / 油画	

序号	图片处理前的效果	图片处理后的效果	图像处理操作	添加文字参数
3			效果/自然/老化	
4			杂点/消除杂点	
5			颜色/RGB/增加蓝色	
6				
7				

续表

序号	图片处理前的效果	图片处理后的效果	图像处理操作	添加文字参数
8	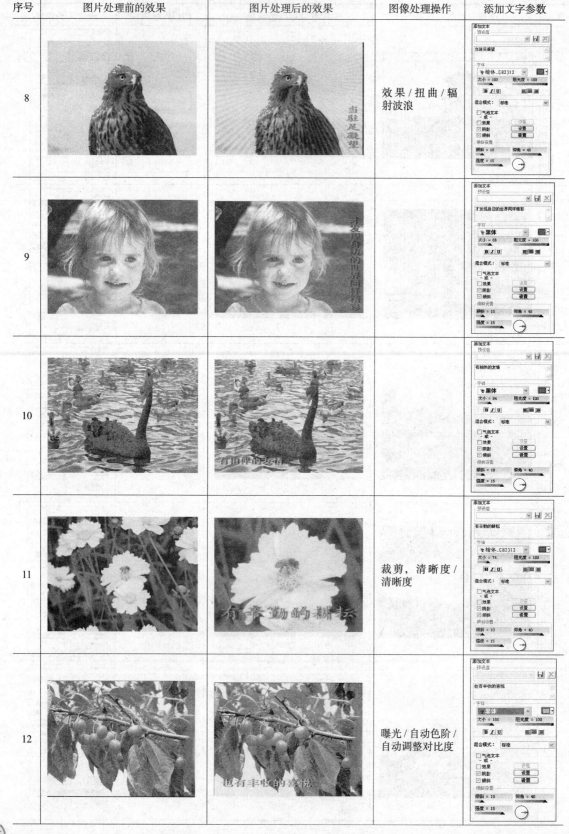		效果／扭曲／辐射波浪	
9				
10				
11			裁剪，清晰度／清晰度	
12			曝光／自动色阶／自动调整对比度	

序号	图片处理前的效果	图片处理后的效果	图像处理操作	添加文字参数
13				当穿越时空隧道 字体 黑体 大小=100 阻光度=100
14				在童话的世界中 字体 黑体 大小=76 阻光度=100
15			光线/太阳亮斑	找寻天使 字体 黑体 大小=100 阻光度=100
16			效果/艺术效果/彩色玻璃	光影绚丽之中 字体 楷体_GB2312 大小=134 阻光度=100
17			裁剪	蓦然发现 字体 黑体 大小=100 阻光度=100

综合技能训练六

电子相册制作

续表

序号	图片处理前的效果	图片处理后的效果	图像处理操作	添加文字参数
18				
19				

在完成图像处理的过程中，遇到了哪些困难？你是如何解决的，总结出哪些技巧？

任务五　编排图像文件顺序

对图像处理结束后，需要根据脚本对图像文件进行编号，以确定电子相册的播放顺序。

　　在任务四中，已经按脚本的顺序依次对图像进行了修改和处理，因此可以根据图像文件的修改时间来排定图像文件序号。如果不是按脚本的顺序依次对图像进行修改，只能通过手动更名的方式编排图像文件的序号。

　　步骤 1，启动 ACDSee，进入任务四保存修改后图像文件的文件夹（任务四命名为 "综合技能训练 6 处理后图片"），使用缩略图方式浏览这些图片，如图 6-24 所示。

图6-24　修改后的图像文件缩略图

步骤2， 在 ACDSee 文件夹缩略图空白处右击鼠标，在快捷菜单中选择"排序方式"/"修改日期"命令，如图 6-25 所示，将修改后的图像文件按修改日期的顺序排序。

步骤3， 排序完成后，观察图像文件缩略图是否是按脚本顺序排列的。然后按住鼠标左键不放，框选所有修改后的图像文件，如图 6-26 所示。在其中一个选择的图片上右击鼠标，在快捷菜单中选择"重命名"命令（也可直接按 F2 键），打开"批量重命名"对话框，如图 6-27 所示。

图6-25　快捷菜单

图6-26　框选所有修改后的图像文件

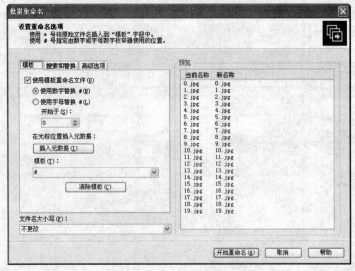

图6-27 "批量重命名"对话框

步骤4， 在"批量重命名"对话框中选择"模板"选项卡，选择"使用模板重命名文件"复选框和"使用数字替换 #"单选钮，设置"开始于"数值框值为1，并在"模板"下拉列表框中输入"pic##"，如图 6-28 所示。

 在电子相册的批量文件命名中，不能使用中文的文件名。这是由于当生成HTML 等格式的电子相册时，只能支持英文的图像文件名。

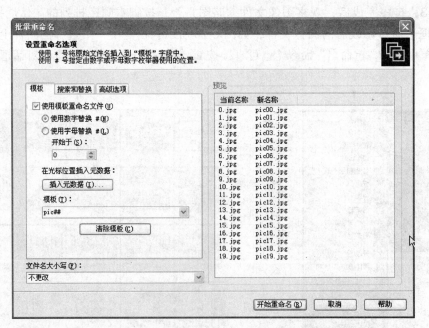

图6-28 设置"批量重命名"对话框参数

步骤5， 在"批量重命名"对话框中单击"开始重命名"按钮，完成按顺序重新命名修改后的图像文件名。缩略图窗口效果如图 6-29 所示。

图6-29　批量重命名后的缩略图

任务六　创建电子相册文件

（一）创建 PDF 格式电子相册文件

步骤 1，启动 ACDSee，进入任务五处理后的图像文件的文件夹，使用缩略图方式浏览这些图片。按住鼠标左键不放，框选所有修改后的图像文件。然后在主菜单中选择"创建"/"创建 PDF"命令，打开"创建 PDF 向导"对话框，如图 6-30 所示。

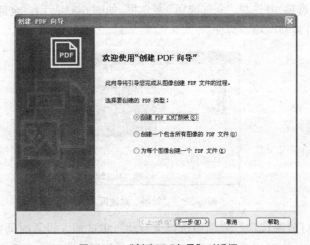

图6-30　"创建PDF向导"对话框

步骤2，在对话框中选择"创建PDF幻灯放映"单选钮，然后单击"下一步"按钮进入"选择图像"界面，如图6-31所示。在这一页可以使用"添加"和"删除"按钮增删图像，也可以使用 《 》 两个按钮调整图像的播放顺序。调整结束后单击"下一步"按钮进入"转场选项"界面，如图6-32所示。

图6-31　"选择图像"界面

图6-32　"转场选项"界面

步骤3，在"转场选项"界面中单击每幅图片右侧的"转场："链接，在打开的"转场"对话框中选择"（随机）"选项，并选择"全部应用"复选框，如图6-33所示。全部设置结束后单击"下一步"按钮进入"幻灯放映选项"界面。

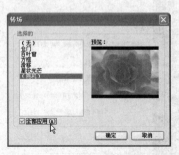

图6-33　"转场"对话框

步骤4，在"幻灯放映选项"界面中选择"自动"单选钮，设置时间为3，并选择"杂项"选项区中的"重复幻灯放映"复选框，设置输出文件名与位置（文件名设置为"电子相册.PDF"），如图 6-34 所示。设置结束后单击"下一步"按钮，完成 PDF 电子相册文件创建。

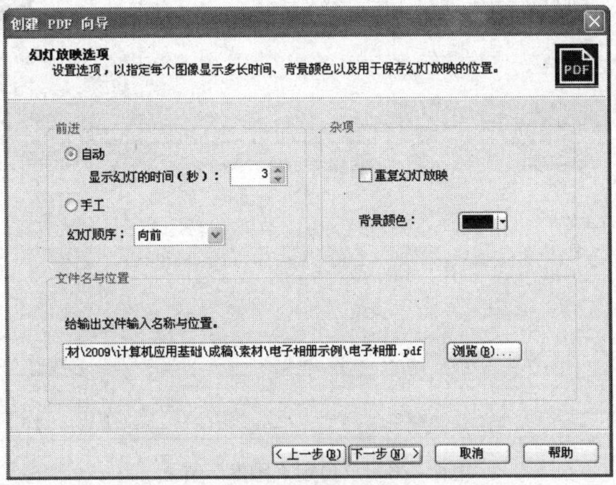

图6-34　"幻灯放映选项"界面

（二）创建 HTML 格式电子相册文件

步骤 1， 启动 ACDSee，进入任务五处理后的图像文件的文件夹，使用缩略图方式浏览这些图片。按住鼠标左键不放，框选所有修改后的图像文件。然后在主菜单中选择"创建"/"创建 HTML 相册"命令，打开"创建 HTML 相册"对话框，如图 6-35 所示。

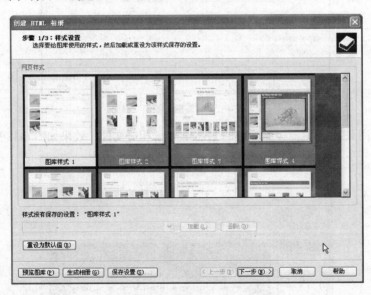

图6-35　"创建HTML相册"对话框

步骤 2， 在"创建 HTML 相册"对话框中选择"图库样式 4"网页样式，单击"下一步"按钮进入"自定义图库"界面。设置图库标题为"我的电子相册"，并设定输出文件夹，如图 6-36 所示。设置结束后单击"下一步"按钮，如果出现"指定目录不存在，是否创建它？"提示字样对话框，就单击其中的"是"按钮，进入"略图与图像"界面。

步骤 3， 在"略图与图像"界面中按默认值设置，如图 6-37 所示。然后单击"下一步"按钮，开始创建 HTML 相册。

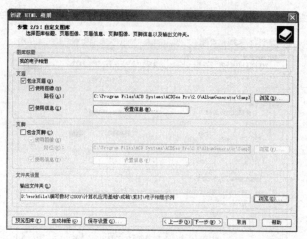

图6-36 "自定义图库"界面

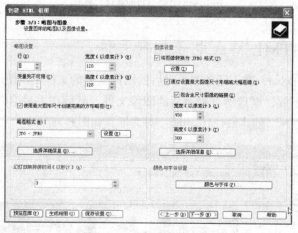

图6-37 "略图与图像"界面

步骤4，使用 IE 等浏览器浏览生成的 HTML 电子相册文件，效果如图 6-38 所示。

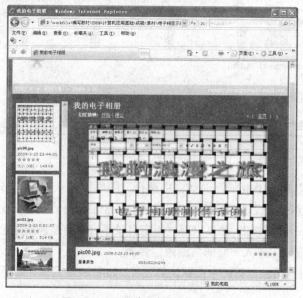

图6-38 HTML电子相册文件浏览效果

如何更好地设计电子相册的内容和版式？

评价交流

学生自评表

	任务完成情况	经 验 总 结	小组讨论发言
构思相册主题，收集素材			
编写相册脚本			
生成图像文件			
对图像文件进行处理			
编排图像文件顺序			
创建电子相册文件			

拓展训练一　制作学校宣传电子相册

要求：

通过使用数码相机或从学校网站下载等方式收集学校的宣传图片，制作学校宣传电子相册，最终形成 PPT、PDF 和 HTML 格式，上传到校园网上。

提示：

可以分组完成不同主题内容（如校园风光、学校荣誉、校园生活等）的电子相册。

拓展训练二　制作展示个性的电子相册

要求：

收集个人的照片素材，或使用数码相机拍照，制作展示个性的电子相册，最终形成 HTML 格式，上传到个人博客上。

综合技能训练七

DV制作

DV 是 Digital Video（数字视频）技术的缩写，是计算机多媒体应用领域的另一项重要技术。DV 技术不仅可以将模拟的动态视频图像以数字方式存储在计算机中，而且可以在功能强大的数字视频处理软件支持下，对视频信息加工处理，创造丰富多彩的视频特效。

要制作 DV 片，仅靠使用 DV 摄像机录制影像是不够的。首先需要有一个制作脚本，在脚本的指导下进行视频录制，音频、图片等各种素材的收集；然后进行合成，并进行一些特效处理，才能制作高质量的 DV 视频；编辑完成后还要将视频文件转换为 VCD、DVD、网络视频或移动视频。我们通过综合技能训练七的学习来掌握 DV 的基本制作技能。

 任务描述

现在要编制一段幼儿活动的视频，原始素材有录制但存储在 DV 摄像机上的视频，有已转换完成的视频文件，还有图片和音频等素材，需要将它们合成为一段完整的视频，并转换为手机能够播放的移动视频文件，同时刻录成 DVD 视频光盘，DV 视频制作效果如图 7-1 所示。

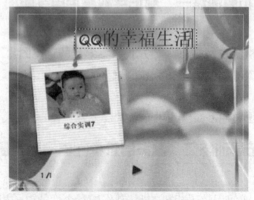

图7-1　DV视频制作效果

技能目标

- 规划和设计音频、视频脚本。
- 将 DV 摄像机、数码相机等拍摄的视频和图像导入计算机。
- 使用视频编辑软件对视频、图像、音频等素材进行剪辑合成，进行特效处理并为视频添加字幕。
- 将处理完的视频转换为手机能够播放的移动视频文件，并刻录成 DVD 视频光盘。

环境要求

硬件：多媒体计算机、DVD 刻录光驱、DV 摄像机（USB 2.0 接口）、数码相机等。

软件：Windows XP 操作系统，会声会影 X2 视频处理软件。

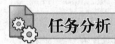

任务分析

要制作一段精彩的 DV 片，需要完成以下的工作程序。

（1）编写制作脚本。要制作 DV 视频，首先要确定主题，即要明确要拍摄什么题材的视频，视频展示的内容是什么，然后根据主题进行相应素材的收集。

（2）收集 DV 片素材。可用于 DV 制作的素材如下。

- 数码摄像机录制的视频。
- 已转换的视频文件。
- 数码相机拍摄的图片或视频短片。
- 网络或图片素材光盘提供的图像文件。
- 纸质图片。
- 音频素材。

（3）对素材文件进行剪辑。原始的视频文件可能不都是在 DV 片中需要的，有一些还需要进一步的加工才能符合需要，这就要对视频文件进行剪辑处理。此外，图像、音频等 DV 素材也需要进行相应的处理。

（4）进行合成。对 DV 片所用的素材进行合成、添加字幕、后期录音、加入转场动画并进行特效处理，需要使用数字视频编辑软件。用于数字视频编辑的软件有 Adobe 公司的 Premiere 和 After Effects，Canopus 公司的 Edius，也可以使用功能强大但操作简单的会声会影，同样能生成独特的创意效果。

（5）转换视频文件并刻录光盘。视频文件合成结束后，需要转换为通用的格式以便共享和播放。目前流行的视频文件有 VCD、DVD、移动视频格式和网络视频等格式。

任务一 编写DV片制作脚本

以学习小组为单位，设计一个 DV 片拍摄剧本。

根据所提供的相关素材，本例构思的主题为《QQ 的幸福生活》，其脚本如表 7-1 所示。

表 7-1 《QQ 的幸福生活》DV 片脚本

顺 序	镜 头	画 面 内 容	解 说 词	音 响	时 长
1	片头	片头动画 QQ 正面照片 片头字幕	字幕：QQ 的幸福生活	轻缓的背景音乐	12 秒
2	幼年生活	QQ 幼年的生活镜头	字幕：我叫 QQ，过着非常幸福的童年生活		64 秒
3	追逐梦想	QQ 追泡泡镜头	字幕：我喜欢追逐梦想		23 秒
4	偶遇	QQ 的偶遇剪辑影片	字幕：我长得帅气，也经常有偶遇	轻快的背景音乐	87 秒
5	学习打鼓	学习打鼓的镜头 1	字幕：我非常喜欢打鼓，经常在家练习	有节奏的背景音乐，结束时音乐淡出	45 秒
		学习打鼓的镜头 2，3	字幕：为此曾经拜师学艺		79 秒
		学习打鼓的镜头 4，5，6	字幕：经过刻苦的训练		107 秒
6	转场动画		字幕：终于要演出了，有些紧张……		1 秒
7	打鼓演出	幼儿园打鼓镜头	结束时字幕：我表演的好吗？请多一些掌声……		97 秒
8	片尾	打架子鼓镜头 – 结束动画	字幕：下一步，我要打架子鼓了……下次再见吧。		6 秒

在人民邮电出版社教学服务与资源网站（www.ptpedu.com.cn）上有训练任务所需的配套视频或图像文件资源，同学们在学习时可以参照后面的步骤提示完成训练任务。也可以自己拍摄和收集素材，另行构思主题，创建展示自己个性的 DV 片。

制作 DV 片之前还应该注意哪些问题，怎样计划才更有效率？

小组内部如何分工？

任务二　拍摄和收集相应素材

（一）拍摄 DV 片并捕获视频

要制作 DV 片，在脚本的指导下，首先要拍摄原始的视频素材。要拍摄原始视频，一般使用数码摄像机，因为它拍摄的画面清晰、色彩鲜明、音质好，并且可以方便地与计算机连接。数码摄像机拍摄的影像需用视频采集卡或通过 USB 2.0 接口，由专用软件采集到计算机中才能使用。

 在《计算机应用基础》配套教材 6.1.4 节已经学习了多媒体素材的获取方法，特别是使用数码摄像头获取视频图像文件的操作。可以参照相关的实例，使用数码摄像机拍摄后，生成视频文件。

步骤 1， 在数码摄像机上安装好电池，并插入磁带。打开摄像机的镜头盖及 LCD 监视屏。

步骤 2， 将电源开关设置为 "CAMERA"（拍摄待机状态），按红色的 "REC" 按钮，即可开始录制，如图 7-2 所示。此时，LCD 屏上会显示 REC 标记。

步骤 3， 拍摄结束，再次按下 "REC" 按钮即可停止录制。

步骤 4， 用 IEEE1394 数据线或 USB 2.0 线将 DV 的视频输出端子与计算机相应的输入端子连接起来，如图 7-3 所示。将数码摄像机的电源开关设置为 "VCR"（播放状态）。

图7-2　将电源开关设置为 "CAMERA"　　　　　图7-3　数据线与摄像机连接

步骤 5， 启动 "会声会影" 进入 "会声会影编辑器"。在步骤面板中单击 "捕获" 按钮 **1 捕获**，选择 **捕获视频** 选项，显示如图 7-4 所示的视频捕获界面。

图7-4　"捕获视频" 界面

步骤6，在预览视图中使用播放控制按钮，可以扫描、预览 DV 中的视频，查找要捕获的场景。

步骤7，设置捕获文件的存储格式及位置，如图 7-5 所示。

图7-5 设置捕获文件的存储格式及位置

步骤8，单击 捕获视频 按钮即可开始视频捕获。此时 捕获视频 按钮变为 停止捕获 ，如图 7-6 所示。

图7-6 捕获视频

步骤9，单击 停止捕获 按钮。此时视频片段已被保存在"捕获文件夹"中。

DV的拍摄技巧

（1）持机要稳定。最好使用三脚架进行拍摄。当采用手持拍摄时，要双手把持 DV，也可利用桌子、墙壁等固定物来支撑，稳定身体和机器。

（2）画面要稳定。拍摄时以固定镜头为主，不要做太多变焦动作或上下左右的扫摄，以免影响画面稳定性。

（3）适当运用手动功能。自动模式下的拍摄适用于一般场合，当在某些特殊情况下，自动模式无法满足拍摄需求时，需要充分运用 DV 的手动功能。如在逆光拍摄时，需要进行手动亮度调节，以保证主体曝光正常；当与拍摄主体之间相隔着其他物体（如玻璃等）时，则需要进行手动对焦，以保证主体清晰。

（4）恰当使用变焦镜头。使用"推"镜头，可以引导观众将视觉中心慢慢集中在某个重点位置；使用"拉"镜头，可以从局部重点引出全局画面。所有的画面变化必须能反映出拍摄者要表达的内容及含义，也就是具有所谓的"镜头语言"，才能够起到画龙点睛之功效。切忌毫无目的地反复推拉镜头。

（5）巧妙进行动态拍摄。拍摄"摇"、"移"等动态镜头时，应注意运动的节奏和速度，要一气呵成、连贯流畅，这样才符合人们观察事物的视觉习惯。对于"摇"镜头，还要注意起幅、落幅画面的构图。

（6）调整好白平衡。所谓白平衡，就是摄像机对白色物体的还原。不同的光线具有不同的色温，会造成 DV 的色彩还原失真，如在白炽灯下拍出的画面容易偏黄、偏红。在拍摄之前根据当前光线进行白平衡校正（手动或自动），能使 DV 更真实地还原拍摄物体的色彩。

（二）获取音频素材

在 DV 片中，不仅需要影像，也需要音频素材的支持。在 DV 片中，音频素材包括解说词和背景音乐。音频素材的获取可以使用录音机程序录制或使用音频翻录软件从 CD 中获取，也可以直接从 WAV、MP3、WMA 等音频文件截取。

在《计算机应用基础》配套教材 6.1.4 节已经学习了多媒体素材的获取方法，其中讲述了音频的录制方法。可以参照相关的实例，采集与 DV 脚本相关的音频文件。

从 CD 音乐光盘中翻录音乐

用 Windows 操作系统自带的 Media Player 软件可以方便地将 CD 音乐转换成其他格式的音频文件。操作步骤如下。

（1）启动 Windows Media Player 10，将 CD 放入光驱中。单击"翻录"选项卡，进入翻录界面。

（2）选择菜单"工具"/"选项..."命令，在弹出的对话框中选择"翻录音乐"选项卡。在"翻录设置"的"格式"下拉框中选择"MP3"项，并通过"更改..."和"文件名..."按钮设置保存的位置和名称。设置完成后单击"确定"按钮。

（3）选择曲目旁边的复选框，选择"翻录音乐"命令，即可将相应曲目翻录成 MP3 文件。

（三）获取图像素材

图像作为一种静态的影像，也是 DV 片中不可缺少的一部分。适当利用图像的静止效果在 DV 片中展示，能使作品有事半功倍的效果。

图像素材的获取可以通过扫描仪、数码相机获取，也可以通过屏幕捕捉，或使用专业的绘图软件。

在《计算机应用基础》配套教材 6.1.4 节和本书综合技能训练六中已经学习了图像素材的获取。可以参照相关的实例，完成图片素材的收集。

任务三　对视频文件进行剪辑

拍摄到的原始视频，或以其他方式获取的视频文件，所有的影像内容可能不都是我们所需要的，此时就要对视频文件进行剪辑。剪辑是 DV 片制作最为重要的一个步骤，它是制作一部高质量 DV 片的基础环节。

在《计算机应用基础》配套教材 6.2.3 节已经学习了视频素材的截取方法。可以参照相关的实例，完成视频剪辑的操作。

步骤 1，启动会声会影软件，单击启动界面的会声会影编辑器按钮，进入会声会影编辑器主界面。

　　步骤2，单击"2 编辑"按钮，进入编辑界面。单击"加载视频"按钮 📁，在打开视频文件对话框中选择要截取的视频文件，然后单击"打开"按钮，载入视频文件（本例载入视频素材库中的"QQ 与小美女 .MPG"文件）。可以在会声会影编辑界面右上方的视频栏内看到载入视频文件的缩略图，如图 7-7 所示。

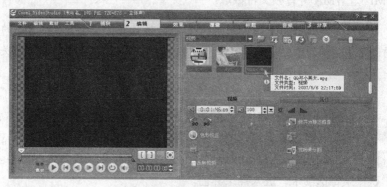

图7-7　载入视频文件后的编辑界面

　　步骤3，选择视频文件，拖动视频预览窗口下方的两个修整手柄 和 ，截取所需要的视频片段（本例将原片中的片头和片尾去掉），如图 7-8 所示。

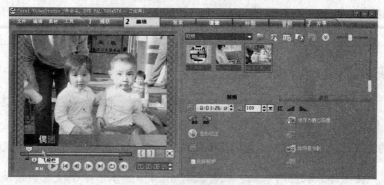

图7-8　截取所需要的视频片段

　　步骤4，将所选的视频文件缩略图拖至视频轨 处，如图 7-9 所示。

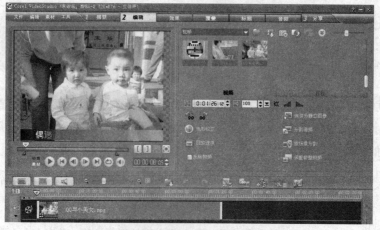

图7-9　将所载入的视频文件缩略图拖至视频轨

步骤 5，单击"3 分享"按钮，进入分享界面，单击 命令，在弹出的菜单中选择"与项目设置相同"命令。在打开的创建视频文件对话框中输入欲保存的目标文件夹和文件名（以"QQ的偶遇 .MPG"文件名保存文件），单击"保存"按钮，开始创建剪辑后的视频文件。

步骤 6，重复步骤 1 ～ 5，对其他的视频文件进行必要的剪辑。

任务四 视频合成与特效

视频合成与特效是 DV 片制作的核心环节，高超的合成与特效技术可以弥补视频拍摄效果的不足，也是展示 DV 制作技术的环节。

（一）整合素材

在 DV 片中，需要的素材很多，有视频、音频、图像等不同格式的文件，为了提高制作效果，应该先将素材整合在一起，以便合成与特效处理时随时调用。

步骤 1，将相关素材的视频、图像和音频文件使用复制命令集中在一个文件夹内，如图 7-10 所示。

10 美丽的神话.mp3	13,000 KB	MP3 音频文件	2008-3-17 0:24	0:05:32	
12.柠檬树.mp3	4,766 KB	MP3 音频文件	2006-9-4 15:10	0:03:23	
QQ的偶遇.mpg	70,759 KB	MPG 文件	2009-4-1 23:09		
QQ图片2.jpg	1,135 KB	ACDSee Pro 2.0 ...	2007-12-8 2:24		2304 x 1728
QQ图片.jpg	308 KB	ACDSee Pro 2.0 ...	2008-5-3 15:05		1600 x 1200
快乐童年1.mpg	18,244 KB	MPG 文件	2009-3-31 22:35		
快乐童年2.mpg	37,809 KB	MPG 文件	2009-3-31 23:08		
QQ打鼓表演.avi	342,250 KB	AVI 文件	2009-3-31 22:31	0:01:37	
QQ学鼓视频01.mpg	31,308 KB	MPG 文件	2009-3-31 21:49		
QQ学鼓视频04.mpg	16,038 KB	MPG 文件	2009-3-31 21:57		
QQ学鼓视频05.mpg	48,382 KB	MPG 文件	2009-3-31 22:01		
QQ学鼓视频02.mpg	41,018 KB	MPG 文件	2009-3-31 22:13		
QQ学鼓视频06.mpg	12,982 KB	MPG 文件	2009-3-31 22:05		
QQ学鼓视频03.mpg	16,624 KB	MPG 文件	2009-3-31 22:17		
QQ追泡泡视频2.avi	7,068 KB	AVI 文件	2009-3-31 22:26	0:00:02	
QQ追泡泡视频3.avi	21,274 KB	AVI 文件	2009-3-31 22:27	0:00:06	
QQ追泡泡视频1.avi	64,958 KB	AVI 文件	2009-3-31 22:23	0:00:17	720 x 576

图7-10 相关素材的视频、图像和音频文件

步骤 2，启动会声会影软件，单击启动界面的会声会影编辑器按钮，进入会声会影编辑器主界面。单击"加载视频"按钮 ，在打开视频文件对话框中选择所要合成的视频文件，如图 7-11 所示。然后单击"打开"按钮，载入视频文件。可以在会声会影编辑界面右上方的视频栏内看到载入视频文件的缩略图，如图 7-12 所示。

步骤 3，选择"加载视频"按钮 左侧的下拉列表框，选择"图像"命令，如图 7-13 所示。然后单击"加载图像"按钮 ，在打开的文件对话框中选择所要使用的图像文件，如图 7-14 所示。然后单击"打开"按钮，载入图像文件。可以在会声会影编辑界面右上方的图像栏内看到载入图像文件的缩略图，如图 7-15 所示。

图7-11　选择所要合成的视频文件

图7-12　载入视频文件的缩略图

图7-13　选择下拉列表框的"图像"命令

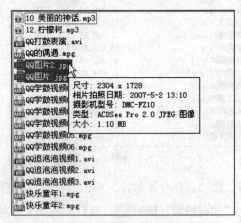

图7-14　选择所要使用的图像文件

图7-15　载入图像文件的缩略图

步骤4, 选择"加载视频"按钮 左侧的下拉列表框,选择"音频"命令。然后单击"加载音频"按钮 ，在打开的文件对话框中选择所要使用的音频文件，如图7-16所示。然后单击"打开"按钮，载入音频文件。可以在会声会影编辑界面右上方的音频栏内看到载入音频文件的缩略图，如图7-17所示。

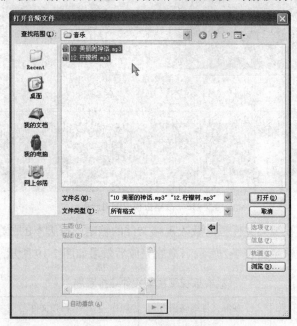

图7-16　选择所要使用的音频文件

图7-17　载入音频文件的缩略图

（二）保存制作场景

选择主菜单的"文件/保存"命令，在打开的"保存"对话框中输入"综合实训7.VSP"文件名，保存制作场景。

由于制作一部DV片需要较长的时间，因此，每完成一个阶段的工作，就至少应该保存一次，以免辛苦工作的成果丢失。

（三）合成视频

一部完整的DV片是由许多视频片断整合而成的，这就需要合成视频，即以一定的顺序将所需的视频按顺序合成为一体，形成一个完整的DV剧情。

步骤1, 在会声会影编辑器界面内选择"加载视频"按钮 左侧的下拉列表框，选择"视频"命令，可以在会声会影编辑界面右上方的图像栏内看到所有载入视频文件的缩略图。单击编辑界面左侧的"故事板视图"按钮 ，切换编辑界面为故事板模式，如图7-18所示。

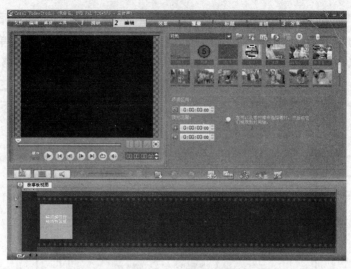

图7-18　故事板模式编辑界面

步骤2，将已集成在视频文件栏内载入视频文件的缩略图按脚本的故事情节依次拖放至"故事板视图"栏内，拖放顺序如表7-2所示。拖放完成后效果如图7-19所示。

表7-2　　　　　　　　　　　故事板视图视频文件编排顺序

顺序	视频文件名	视频文件缩略图	顺序	视频文件名	视频文件缩略图
1	快乐童年1.mpg		8	QQ学鼓视频02.mpg	
2	快乐童年2.mpg		9	QQ学鼓视频03.mpg	
3	QQ追泡泡视频1.avi		10	QQ学鼓视频04.mpg	
4	QQ追泡泡视频2.avi		11	QQ学鼓视频05.mpg	
5	QQ追泡泡视频3.avi		12	QQ学鼓视频06.mpg	
6	QQ的偶遇.mpg		13	QQ打鼓表演.avi	
7	QQ学鼓视频01.mpg				

图7-19 故事板模式编辑界面

（四）添加转场动画效果

当两个不同场景的视频切换时，如果从一个镜头直接跳到另一个镜头，会显得十分生硬，如果使用转场动画来进行切换，效果就会好很多。在主流的视频编辑软件中，都内置了大量的转场特效，可以根据剧情的需要选择使用。

步骤1，在会声会影编辑器界面内选择主菜单 ┃ 效果 ┃ 命令，进入效果编辑界面，如图 7-20 所示。

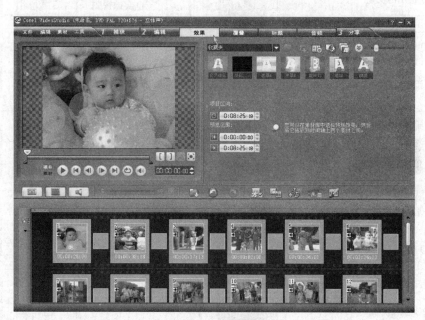

图7-20 效果编辑界面

步骤2，选择 ┃ 效果 ┃ 按钮右下方的下拉列表框，选择"取代"命令，可以在效果视图中看到一些取代的转场动画效果，如图 7-21 所示。

步骤3，选择"棋盘"效果，将其拖至故事板视图 1 和 2 视频文件中间的小框内，如图 7-22 所示。可以完成 1 和 2 视频文件间以"棋盘"效果实现的转场动画。选择转场动画小框，单击预览视图下方的"播放"按钮▶，可以观察转场动画效果。

步骤4，重复步骤 2 ~ 3，按表 7-3 所示完成其他视频文件间的转场动画，最终效果如图 7-23 所示。

图7-21　取代的转场动画效果

图7-22　1和2视频文件间以"棋盘"效果实现的转场动画

表7-3　　　　　　　　　　　视频文件间的转场动画编排表

顺序	视频文件名	转场类型	转场效果	顺序	视频文件名	转场类型	转场效果
1-2	快乐 ® 童年 1.mpg – 快乐童年 2.mpg	取代 / 棋盘	棋盘	7-8	QQ 学鼓视频 01.mpg – QQ 学鼓视频 02.mpg	过滤 / 交叉淡化	交叉淡化
2-3	快乐童年 2.mpg – QQ 追泡泡视频 1.avi	时钟 / 扭曲	扭曲	8-9	QQ 学鼓视频 02.mpg – QQ 学鼓视频 03.mpg	过滤 / 交叉淡化	交叉淡化
3-4	QQ 追泡泡视频 1.avi – QQ 追泡泡视频 2.avi	推动 / 彩带	彩带	9-10	QQ 学鼓视频 03.mpg – QQ 学鼓视频 04.mpg	过滤 / 交叉淡化	交叉淡化
4-5	QQ 追泡泡视频 2.avi – QQ 追泡泡视频 3.avi	推动 / 彩带	彩带	10-11	QQ 学鼓视频 04.mpg – QQ 学鼓视频 05.mpg	过滤 / 交叉淡化	交叉淡化
5-6	QQ 追泡泡视频 3.avi – QQ 的偶遇.mpg	相册 / 翻转 1	翻转1	11-12	QQ 学鼓视频 05.mpg – QQ 学鼓视频 06.mpg	过滤 / 交叉淡化	交叉淡化
6-7	QQ 的偶遇.mpg – QQ 学鼓视频 01.mpg	相册 / 翻转 1	翻转1	12-13	QQ 学鼓视频 06.mpg – QQ打鼓表演 .avi	三维 / 折叠盒	折叠盒

图7-23　所有视频文件间转场动画效果

（五）为部分视频片段添加视频特效

视频处理软件的另一个重要功效是可以为原始视频添加在拍摄过程中无法实现的一些效果（如闪电、虚幻特效），同时还可以修复一些因受拍摄环境限制先天不足的原始视频（如曝光不足等情况），以使 DV 片展示的图像更加丰富多彩。

步骤 1，确认会声会影编辑器在效果编辑界面内。选择 ▢效果▢ 按钮右下方的下拉列表框，选择"视频滤镜 / 特殊"命令，可以在效果视图中看到一些视频滤镜效果，如图 7-24 所示。

图7-24　视频滤镜效果

步骤 2，选择"气泡"效果，将其拖至故事板视图 3 视频文件框内，如图 7-25 所示。可以为编号 3 的视频片段添加"气泡"视频特效。选择视频片段，单击预览视图下方的"播放"按钮 ▶，可以观察添加视频特效的结果。

图7-25　为视频片段3添加视频滤镜"气泡"的效果

步骤 3，重复步骤 1 ~ 2，按表 7-4 所示完成其他部分视频文件间的视频特效。

表 7-4　　　　　　　　　　　视频特效添加情况表

顺序	视频文件名	视频特效类型	效果	顺序	视频文件名	视频特效类型	效果
1	QQ 追泡泡视频 1.avi	特殊 / 气泡	气泡	5	QQ 追泡泡视频 3. avi	特殊 / 气泡	气泡
4	QQ 追泡泡视频 2.avi	特殊 / 气泡	气泡	13	QQ 打鼓表演.avi	暗房 / 自动曝光	自动曝光

（六）为视频片段添加覆叠效果

覆叠是影视制作的一项重要技术，主要用于实现两个视频的叠加。

步骤1， 在会声会影编辑器界面内选择主菜单 [　覆叠　] 命令，进入覆叠编辑界面，注意下方的"故事板视图"切换为"时间轴视图"，如图 7-26 所示。

图7-26　覆叠编辑界面

步骤2， 选择 [　覆叠　] 按钮右下方的下拉列表框，选择"装饰 / 边框"命令，可以在效果视图中看到一些边框的效果，如图 7-27 所示。

图7-27　边框的效果

步骤3， 移动预览视图下方的时间轴放大缩小滑块 [　] ，向 [　] 方向移动，可以看到"时间轴视图"内的视频段长度缩小，直到看到全部视频段为止，如图 7-28 所示。

图7-28　将"时间轴视图"内的视频段长度缩小，直到看到全部视频段

步骤4， 选择效果视图中的"F41"边框效果，将其拖至覆叠轨 内，并移动至"QQ 的偶遇 .mpg"视频段下，与该视频段左侧对齐，如图 7-29 所示。将鼠标移动至覆叠轨边框效果块右侧，按住 光标向右拉伸，与"QQ 的偶遇 .mpg"视频段右侧对齐，如图 7-30 所示。

图7-29 移动"F41"边框效果与"QQ的偶遇.mpg"视频段左侧对齐

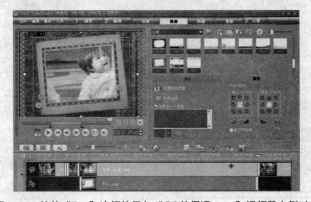

图7-30 拉伸"F41"边框效果与"QQ的偶遇.mpg"视频段右侧对齐

步骤5，单击预览视图下方的"播放"按钮▶，可以观察覆叠后的效果。

（七）添加字幕

字幕是影视的重要展现方式，一方面可以用于片头和片尾标题，也可以用于影片播放过程的说明。

步骤1，在会声会影编辑器界面内选择主菜单 标题 命令，进入标题（字幕）编辑界面，此时场景为"时间轴视图"，如图 7-31 所示。此时，在效果视图内可以看到一些标题显示的效果，如图 7-32 所示。

图7-31 标题编辑界面

图7-32　标题效果视图

步骤2，移动时间轴滑块至 1 号视频段（快乐童年 1.mpg 视频段）开始位置，在编辑界面左上角的预览效果视图的"双击这里可以添加标题"处双击鼠标左键，如图 7-33 所示。

图7-33　双击添加标题

步骤3，此时可以直接在效果视图上直接添加标题（字幕），输入文字"我叫 QQ，过着非常幸福的童年生活"，此时在预览视图内可以看到文字字样，同时在下方的标题轨T内看到字幕块，如图 7-34 所示。

图7-34　输入文字字样后的效果

步骤 4，在预览效果视图左侧的标题编辑视图内调整标题的字体 ☐ 为 "黑体"，字号 ☐ 为 35，并在预览效果视图上拖放标题（字幕）位置至视频图像下方，如图 7-35 所示。

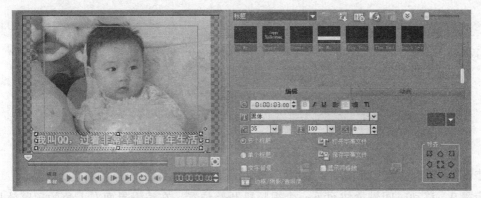

图7-35 调整字体、字号和标题位置

步骤 5，将鼠标移动至标题轨标题块右侧，按住 ☐ 光标向右拉伸，使标题块宽度在时间轴上占 6 秒的宽度，如图 7-36 所示。

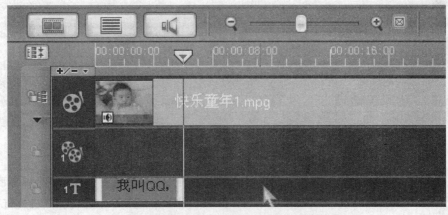

图7-36 拉伸标题块宽度在时间轴上占6秒的宽度

步骤 6，双击鼠标左键至标题块，然后在标题编辑视图内选择动画选项视图，如图 7-37 所示。

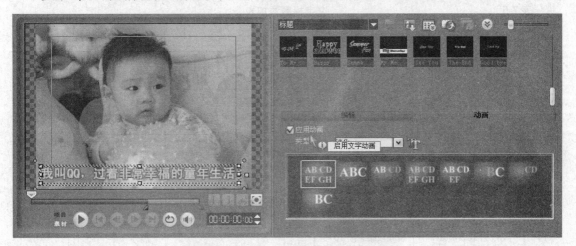

图7-37 在标题编辑视图内选择动画选项视图

步骤 7，选择复选项"应用动画"命令，然后在其下方的"类型"下拉列表框中选择"弹出"，然后在效果栏内选择文字动画效果缩略图，如图 7-38 所示。

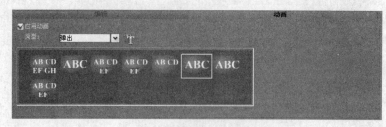

图7-38 选择文字动画效果

步骤 8，单击预览视图下方的"播放"按钮 ▶ ，可以观察添加文字标题后的效果。

步骤 9，移动时间轴滑块至下一个视频段开始位置，在编辑界面左上角的预览效果视图的"双击这里可以添加标题"处双击鼠标左键，然后重复步骤 3 ~ 7，按表 7-5 所示完成其他部分视频段文字标题的添加。标题添加完成后标题轨效果如图 7-39 所示。

图7-39 添加文字标题后标题轨效果

 当完成第一个文字标题后，会在上方的标题效果视图中出现一个缩略图。后面标题的操作可以使用这个缩略图，直接拖放至标题轨上，再对相应标题进行修改，即可生成新的标题块。

表 7-5   文字标题添加表

序号	视频文件名	标题时间	标题文字内容	字体	字号	动画效果
1	快乐童年 1.mpg	6 秒	我叫 QQ，过着非常幸福的童年生活	黑体	35	弹出
3	QQ 追泡泡视频 1.avi	10 秒	我喜欢追逐梦想	黑体	50	弹出
6	QQ 的偶遇.mpg	10 秒	我长得帅气，经常有偶遇	黑体	50	移动
7	QQ 学鼓视频 01.mpg	6 秒	我喜欢打鼓，时常在家练习	黑体	35	弹出
8	QQ 学鼓视频 02.mpg	6 秒	为此曾拜师学艺	黑体	60	弹出
13	QQ 打鼓表演.avi	6 秒	终于要演出了，有些紧张……	黑体	40	弹出
14	QQ 打鼓表演.avi	视频段结束前 10 秒	我表演的好吗？请多一些掌声……	黑体	35	弹出

（八）制作片头和片尾

1. 制作片头

步骤 1，选择主菜单的"文件 / 保存"命令，保存前面制作的场景。然后选择主菜单的"文件 / 新建项目"命令，启动一个新的项目。

步骤 2，单击"2 编辑"按钮，进入编辑界面。选择▣按钮左侧的下拉列表框，选择"图像"命令，可以在会声会影编辑界面右上方的图像栏内看到载入图像文件的缩略图，然后再移动图像缩略图右侧的卷动条至最下端，选择在前面步骤中集成的图像文件"QQ 图片2.JPG"，如图 7-40 所示。

图7-40 选择图像文件"QQ图片2.JPG"

步骤 3，保持图像选择状态，按住鼠标左键不放将其拖至视频轨，然后将鼠标移动至图像块右侧，按住 光标向右拉伸，使图像块宽度在时间轴上占 6 秒的宽度，如图 7-41 所示。

图7-41 图像块宽度在时间轴上占6秒的宽度

步骤 4，选择▣按钮左侧的下拉列表框，选择"视频"命令，向下移动图像缩略图右侧的

卷动条，找到会声会影预装的 V10 视频，选择 V10 视频，按住鼠标左键不放将其拖至视频轨图像块的前面，如图 7-42 所示。

图7-42　在图像块插入V10视频

　　步骤 5，选择 效果 按钮右下方的下拉列表框，选择"果皮"命令，然后在效果视图中选择"翻页"效果，将其拖至 V10 视频块和图像块中间，如图 7-43 所示，完成转场动画。

图7-43　V10视频块和图像块中间的转场动画

　　步骤 6，将鼠标移动至转场动画块左侧，按住 ⬌ 光标向左侧拉伸，使转场动画块宽度在时间轴上占 4 秒的宽度，如图 7-44 所示。

图7-44　调整转场动画块为4秒的宽度

步骤 7，选择主菜单 标题 命令，进入标题（字幕）编辑界面，选择效果视图内右侧倒数第二的效果，如图 7-45 所示。选择该文字效果，按住鼠标左键不放将其拖至标题轨。

图7-45　选择标题效果

步骤 8，将鼠标移动至标题块两侧，分别按住←→和↕光标向两侧拉伸，使标题块宽度在时间轴上占 9 秒的宽度，如图 7-46 所示。

图7-46　调整标题块宽度在时间轴上占9秒的宽度

步骤 9，双击标题块，进入标题编辑状态，此时直接在预览效果视图上修改标题（字幕），文字为"QQ 的幸福生活"，修改字体、字号使之与视频图像宽度一致，移动文字标题至视频图像中间，并调整文字标题颜色与主题适应，效果如图 7-47 所示。

图7-47　编辑文字标题

步骤 10，选择主菜单的"文件 / 保存"命令，在打开的"保存"对话框中输入"综合实训 7_ 片头 .VSP"文件名，保存片头制作场景。

2. 制作片尾

步骤 1，选择主菜单的"文件 / 保存"命令，保存前面制作的场景。然后选择主菜单的"文件 / 打开"命令，载入"综合实训 7.VSP"项目。

步骤 2，移动时间轴滑块至整个视频段最后位置，选择"加载视频"按钮 ![] 左侧的下拉列表框，选择"图像"命令。然后单击"加载图像"按钮 ![] ，在打开的文件对话框中选择图像文件"QQ 打鼓.JPG"，随后单击"打开"按钮，载入图像文件。可以在会声会影编辑界面右上方的图像栏内看到载入图像文件的缩略图。选择该缩略图，按住鼠标左键不放将其拖至视频轨整个视频段后，如图 7-48 所示。

图7-48　将图像文件"QQ打鼓.JPG"置于整个视频段后

步骤 3，将鼠标移动至转场最后的图像块右侧，按住 ![] 光标向右侧拉伸，使图像块宽度在时间轴上占 5 秒的宽度。

步骤 4，选择 效果 按钮右下方的下拉列表框，选择"胶片"命令，然后在效果视图中选择"翻页"效果，将其拖至视频块和图像块中间，完成转场动画。

步骤 5，选择主菜单 标题 命令，进入标题（字幕）编辑界面，选择添加字幕过程中使用的标题缩略图，按住鼠标左键不放将其拖至标题轨后图像块的后方。双击标题块，进入标题编辑状态，此时直接在预览效果视图上修改标题（字幕），文字为"下一步，我要打架子鼓了……下次再见吧。"。然后将鼠标移动至标题块两侧，分别按住 ![] 和 ![] 光标调整标题块宽度在时间轴上占 4 秒的宽度并与图像块结束位置对齐，如图 7-49 所示。

步骤 6，选择标题效果视图内第一个的效果，按住鼠标左键不放将其拖至标题轨图形块的后方，如图 7-50 所示。

图7-49　调整标题块宽度在时间轴上占4秒的宽度并与图像块结束位置对齐

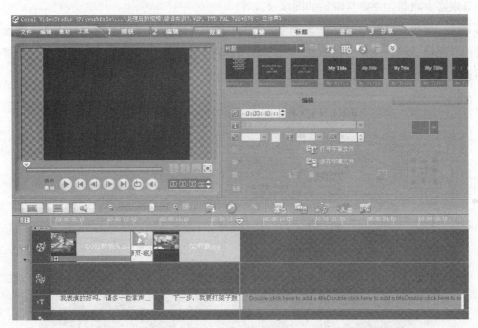

图7-50　标题效果视图内第一个的效果将其拖至标题轨图形块的后方

　　步骤7，双击标题块，进入标题编辑状态，此时直接在预览效果视图上修改标题（字幕），如图 7-51 所示，修改字体、字号使之与视频图像宽度一致，移动文字标题至视频图像中间。

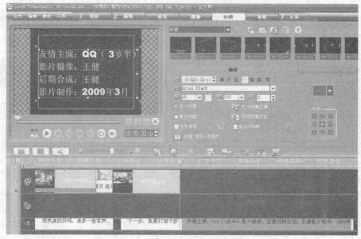

图7-51 修改片尾字幕

步骤8，选择主菜单中的"文件／保存"命令，保存制作场景。

（九）叠加音频

音频是影视作品的重要展示形式，很难想象没有声音的影像能够吸引观众。在 DV 片中的音频主要分 3 种类型，一是原始拍摄现场的同步录音，二是后期制作时添加的声音，三是影片的背景音乐。在进行 DV 片的声音处理时，有的声音需要加强，如后期添加的声音或背景音乐等，有的声音则需要减弱，主要是原始的同步录音等。

步骤1，选择主菜单中的 **音频** 命令，进入音频编辑界面。然后再移动图像缩略图右侧的卷动条至最下端，选择已集成在音频缩略图中的音频文件"10 美丽的神话.MP3"，按住鼠标左键不放将其拖至音乐轨♪，与整个视频块左侧对齐，如图 7-52 所示。

图7-52 将音频文件"10美丽的神话.MP3"拖至音乐轨

步骤 2，再移动图像缩略图，选择已集成在音频缩略图中的音频文件"12. 柠檬树.MP3"，按住鼠标左键不放将其拖至音乐轨♫，接在第一个音频文件后面，如图 7-53 所示。

图7-53　将音频文件"12.柠檬树.MP3"拖至音乐轨接在第一个音频文件后面

步骤 3，选择第 2 个音频块，按住光标向左侧拉伸，使之与标题轨右侧的边界对齐，如图 7-54 所示。

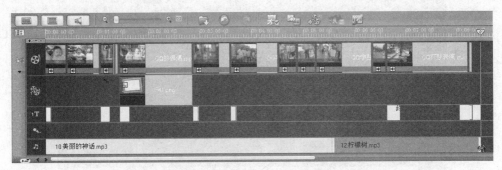

图7-54　调整第2个音频块使之与标题轨右侧的边界对齐

步骤 4，选择第 2 个音频块，在音乐和声音编辑栏内单击"淡出"按钮。

步骤 5，将部分视频段中（"快乐童年 1.mpg"，"快乐童年 2.mpg"和"QQ 的偶遇 .mpg"）的音频信息分离出来，如图 7-55 所示，然后在声音轨上选择音频并使用 Delete 键做删除处理。

在一些情况下，采集的原始视频中所配的同步音频可能会影响后期制作的效果，此时需要分割音频并做进一步的处理。具体操作方法如下。

（1）选择视频段。

（2）在编辑界面内单击　　　按钮，即可将原始视频分离至声音轨。

（3）对声音轨的音频信息可以选择删除或进一步处理。

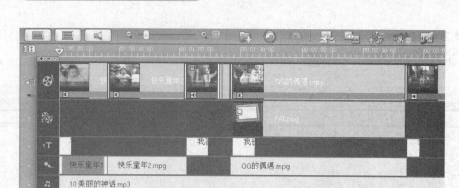

图7-55　分离部分视频段中的音频信息

步骤6, 选择主菜单中的"文件 / 保存"命令,保存制作场景。

DV片的后期录音

如果需要后期录音,首先定位开始录音的位置,即将滑块移至相应的视频段,然后选择声音轨,在音乐和声音编辑栏内单击 按钮,如图 7-56 所示,就可以进行同步录音了。

图7-56　后期录音界面

在完成视频合成与特效的过程中,遇到了哪些困难,是如何解决的,有什么自己的心得?

任务五　转换视频文件并刻录光盘

DV 影片编辑结束后，还需要最后一个步骤，即需要将编辑的内容合成为最终的视频并刻录为可使用普通播放机（非计算机，如 DVD 播放机、VCD 播放机等）播放的光盘格式，或都将视频转换为可以在移动设备（如 MP4 播放器、手机等）上播放的视频格式。

（一）制作 DVD 光盘

步骤 1， 启动会声会影软件，单击启动界面的会声会影编辑器按钮，进入会声会影编辑器主界面。单击主菜单中的 **3 分享** 按钮，进入创建光盘和视频文件界面。

步骤 2， 选择 **创建光盘** 命令，在弹出的菜单中选择 "DVD" 命令，如图 7-57 所示。之后打开 "Corel VideoStudio" 对话框，如图 7-58 所示。

图7-57　在弹出的菜单中选择 "DVD" 命令

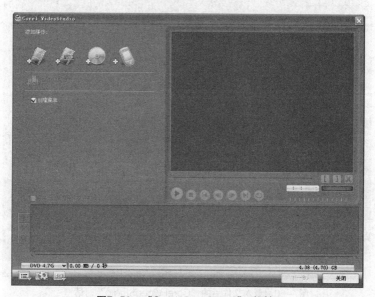

图7-58　 "Corel VideoStudio" 对话框

步骤 3, 单击"添加媒体"按钮 ，在弹出的"打开视频文件"对话框中选择前面编辑保存的两个 VSP 文件，如图 7-59 所示。之后单击"打开"按钮载入这两个文件，载入文件后如图 7-60 所示。

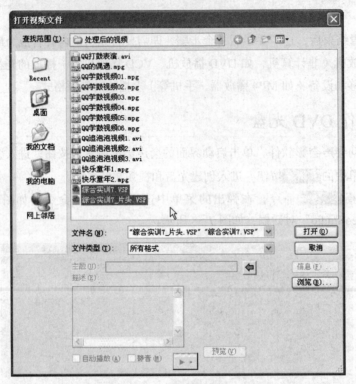

图7-59　选择前面编辑保存的两个VSP文件

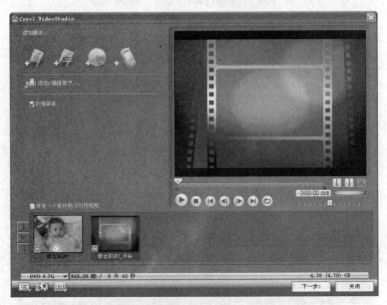

图7-60　载入文件后的"Corel VideoStudio"对话框

步骤 4, 在视频片段缩略图中选择"综合实训 7_ 片头 .VSP",按住鼠标左键不放,将其移动到最左端,即成为第 1 个视频,如图 7-61 所示。

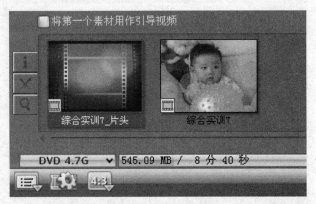

图7-61　将"综合实训7_片头.VSP"移动成为第1个视频

步骤 5, 选择"将第一个素材用作引导视频"复选框,然后单击"下一步"按钮,在打开的对话框左侧模板中选择左侧第 1 个模板,并更改标题为"QQ 的幸福生活",如图 7-62 所示。然后单击"下一步"按钮,进入光盘刻录界面。

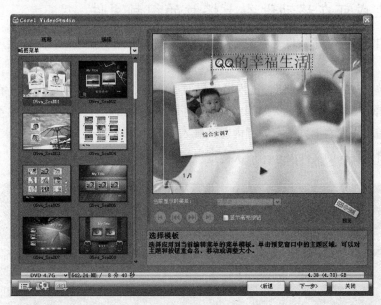

图7-62　选择模板并更改主题

步骤 6, 在光盘刻录对话框中,选择"创建光盘"和"创建光盘镜像"复选框,如图 7-63 所示,然后单击 按钮,开始生成 DVD 镜像并刻录 DVD 光盘,余下任务只需按提示操作即可完成。

　　　　如果计算机上没有 DVD 光驱,可以不选择"创建光盘"复选框,只选择"创建光盘镜像"命令,这样可以生成 DVD 光盘镜像,使用虚拟光驱软件在计算机上模拟播放,也可以复制到有刻录光驱的计算机上再刻制成光盘。

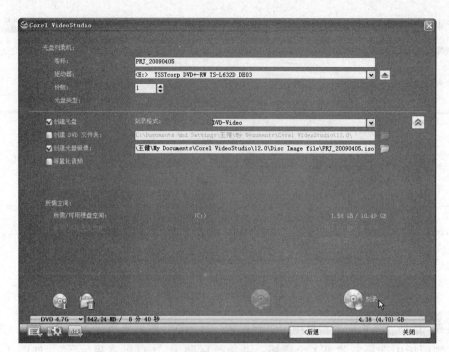

图7-63　光盘刻录界面

（二）生成可在移动设备上播放的视频文件

步骤1， 启动会声会影软件，单击启动界面的会声会影编辑器按钮，进入会声会影编辑器主界面。

步骤2， 单击"2 编辑"按钮，进入编辑界面。单击"加载视频"按钮，在打开的视频文件对话框中选择前面要编辑保存的两个 VSP 文件，然后单击"打开"按钮，载入视频文件。可以在会声会影编辑界面右上方的视频栏内看到载入文件的缩略图。

步骤3， 将所载入的文件缩略图依次拖至视频轨处，如图 7-64 所示。

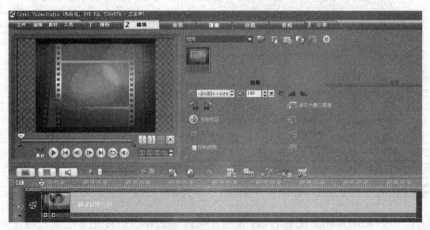

图7-64　将所载入的视频文件缩略图依次拖至视频轨

步骤4， 单击主菜单中的 **3 分享** 按钮，进入创建光盘和视频文件界面。

步骤5，单击 写出到移动设备 命令，在弹出的菜单中选择"Mobile Phone MPEG-4（640×480，30fps）"命令，如图 7-65 所示。

图7-65　选择"Mobile Phone MPEG-4 (640×480，30fps)"命令

步骤6，在弹出的"将媒体保存至硬盘 / 外部设备"对话框中选择可用的设备，然后单击"确定"按钮开始生成视频文件。

　如何将 DV 片制作得更加精彩？

学生自评表

	任务完成情况	经 验 总 结	小组讨论发言
编写 DV 片制作脚本			

续表

	任务完成情况	经 验 总 结	小组讨论发言
拍摄和收集相应素材			
对视频文件进行剪辑			
视频合成与特效			
转换视频文件并刻录光盘			

拓展训练　制作 DV 电视剧

要求：

根据自己在学习生活中的一些故事，制作一个 DV 电视剧。采用小组协助的方式，有人负责编写剧本，有人负责收集素材，有人负责担任导演，有人负责担当演员，有人负责进行视频拍摄，有人负责后期编辑。制作完成后在校园电视台播放或发布在网络播客空间上。

综合技能训练八

产品介绍演示文稿制作

　　PowerPoint 是最常见的演示文稿制作软件之一，广泛应用于产品展示、多媒体简历、网页、MTV 和电子相册等方面。在设计演示文稿的过程中，仅仅掌握 PowerPoint 软件是不够的，需要制作者具备较强的审美能力，能够从美学、设计的角度制作文稿，给浏览者留下深刻印象。一个产品介绍演示文稿需要从概述、特征与功能、应用、细节和报价等方面进行编写。

　　创建演示文稿的目的是为了给观众演示。能否突出重点，给观众留下深刻的印象是衡量一个演示文稿设计是否成功的主要标准。因此，在设计演示文稿时应注意遵循"主题突出、层次分明；文字精练、简单明了；形象直观、生动活泼"的原则，在演示文稿中要尽量避免使用大量的文字叙述，采用图形、图表来说明问题，并适当加入动画、声音，以增强演示效果。

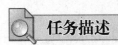

任务描述

　　制作一个产品介绍演示文稿，向同学们介绍某种计算机硬件产品。

　　当前，随着科学技术的迅猛发展和社会的不断进步，逐渐形成了一个现实：一个人一时获得知识的多少已不是最重要的，更重要的是掌握获得知识的方法和应用获得的知识去解决实际问题的能力。现在，小王同学对家用投影机非常感兴趣，根据市场调查，制作了名为"投影机产品介绍 .PPT"的演示文稿，如图 8-1 所示。

技能目标

- 能通过市场调研或 Internet 获得相关资料，了解相关产品的发展状况及参数。
- 了解向人们介绍一个产品的基本方法。
- 掌握创建演示文稿的原则和技巧。
- 熟练运用 PowerPoint 2003 的各项功能制作演示文稿。

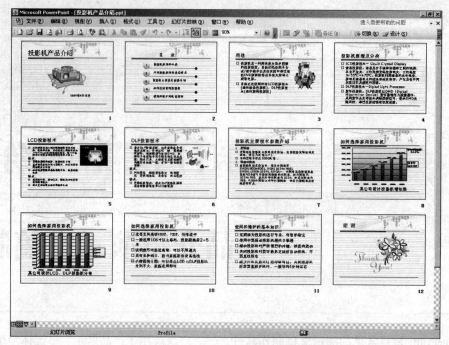

图8-1　投影机产品介绍演示文稿浏览视图

环境要求

- 硬件：接入 Internet 的计算机。
- 软件：Office 2003、图形图像处理软件。

任务分析

具体要完成以下几项任务。

（1）了解演示（讲）的步骤。

（2）设计规划演示文稿内容，准备制作演示文稿的素材。能够针对投影机技术原理，不同投影机的技术特点，投影机的主要技术参数，投影机的选购、使用及维护等问题进行较详尽的说明。

（3）制作演示文稿（或根据现有模板制作演示文稿），将素材加入到作品中。

（4）设计播放的动作和特殊效果。

（5）生成可独立播放的文件。

（6）展示并讲解自己的作品。

任务一　了解演示（讲）的步骤

一个完整的演示（讲）基本上包括 4 个阶段：规划、准备、练习和发表演讲。而制作一个产

品介绍演示文稿需要从概述、特征与功能、应用、细节等方面进行编写。

步骤 1，规划阶段。首先，要对多媒体演示所要达到的目标做出合理的定位，这是在规划阶段首先要解决的一个重要问题。定位不同，演示文稿的内容从组织框架到表达方式都可能有不同的侧重。

小王同学在"投影机产品介绍 .PPT"中根据这一原则，设计了"投影机的原理与分类"、"不同投影机的技术特点"、"投影机主要技术参数介绍"、"如何选择家用投影机"、"使用和维护注意事项"等主题。

　企业在推出某类新产品时，都要突出该产品特点，并定位适用人群，以确保该产品有良好的销售成绩。

步骤 2，准备阶段。准备阶段要做的工作主要包括确定内容要点、组织要点之间的逻辑结构，收集支持演示所需的材料，撰写解说词和制作演示文稿等。

　与写作一样，在准备演示时首先根据主题确定内容的要点，并在要点中进一步确定出重点，然后仔细分析各要点之间的逻辑关系，决定采用哪种表达结构。常用的结构分为"串行结构"和"并行结构"。前者的特点是内容要点之间具有密切相关的上下文联系，演示过程是循序渐进的；后者的特点是各要点之间相对独立，演示过程需要使用较多的链接。

制作演示文稿是准备阶段的重中之重，演示效果在很大程度上取决于演示文稿的制作水平。由于多媒体演示过程是通过演示和讲解相结合的方式实现的，演示文稿应主要显示相关产品的要点，而不是所有讲解词，因此，演示文稿的制作应遵循"风格统一"、"简明精练"、"清晰易读"、"美观醒目"、"技巧适当"等原则。

步骤 3，练习阶段。这一阶段又称做排练，是对制作好的演示文稿进行讲解配合演练和对演示文稿改进的过程。在排练时一边播放演示文稿一边按照准备好的文字材料进行演说，用自己的语言声情并茂地将产品介绍给听众。

　在演讲时还应当注意语气、语调、强调的内容以及礼貌用语等。只有经过反复演练和不断修正才能做到驾轻就熟、运用自如。可以说"练习、练习、再练习"是演示成功的秘诀。

通过排练要达到以下几个目的。

（1）发现并纠正问题，弥补存在的缺陷。

（2）估算演讲所需的时间。

（3）熟悉演讲内容和演示技巧。

（4）熟悉所用的设备。

（5）克服紧张情绪，增强信心，减轻心理压力。

（6）对解说词进行加工提炼。

步骤 4，发表演讲阶段。发表演讲阶段也就是在观众面前实施多媒体演示的阶段，这是整个演示的关键，成败在此一举。既不能只重视内容而不重视方法，也不能只重视演示文稿的放映而不重视讲解。只有将多方面高质量工作过程有机组合起来，才能保证高水平的演示效果。

一般来讲应注意以下几点。

（1）做好演讲前的准备。提前到达演讲地点，打开并调试好设备（计算机、投影机、扩音机和麦克风等）；熟悉环境（位置、灯光和电源等）；检查衣着和仪表；放松情绪。

（2）重视口头讲解。讲解的语速要适当，给听众留出思考的时间；声音响亮、吐字清晰；适度使用幽默，活跃气氛。

（3）掌握演示文稿的放映节奏。演示中要有适当的停顿；画面过渡和文字显示动画的设置要适度，避免让观众眼花缭乱；有较长的过渡时间时可设为白屏或黑屏。

小组确定一个演讲主题，并进行小组工作计划安排，伴随下面的学习完成小组的主体演讲。注意：在讨论过程中注意倾听别人的意见，小组讨论后将演讲主题、初步规划、个人分工、时间进度计划等计划文本交给教师。

任务二　设计、规划演示文稿与素材准备

从任务一可以看出，演示文稿的制作是一项比较复杂的工作，从创意设计、素材准备、媒体集成到作品的调试、播放和发布，往往难以在短时间内完成。因此，制作一份精美的演示文稿作品，首先要制订详细的规划，进行合理的安排。

规划设计演示文稿，可以大致分为 4 步：确定一个主题，应保证主题准确、鲜明；确定围绕主题的演示内容，应保证内容简明扼要；确定每一张幻灯片的内容；确定各要点的表现形式。

步骤 1，确定主题。小王同学在朋友家看到使用投影机替代电视，观赏到 100 英寸以上的超大画面，配合现在 720P 高清 DVD 还可以播放电影，并可以播放用摄像机拍摄的家庭影音，此外还可以与计算机连接玩游戏。因此，小王对投影机非常感兴趣，计划设计一个名为"投影机产品介绍.PPT"的演示文稿，希望能将投影机的功能与应用介绍给同学们。

步骤 2，确定主题的内容。在"投影机产品介绍.PPT"演示文稿中，围绕"投影机产品介绍"这个主题设计了"投影机的原理与分类"、"不同投影机的技术特点"、"投影机主要技术参数介绍"、"如何选择家用投影机"、"使用和维护注意事项 "等内容要点，向同学们介绍投影机技术、主要技术参数、如何选购家用投影机以及如何使用维护等内容。

步骤 3，确定每一张幻灯片的内容。根据厂家产品介绍，以及网站上了解到的产品测评文章，小王同学将各个内容要点进一步策划成多页幻灯片，如图 8-2 ～图 8-13 所示。例如，"不同投影机的技术特点"使用 2 张幻灯片说明了"LCD 投影技术"和"DLP 投影技术"，其他不常见的类型不做介绍。而"如何选择家用投影机"使用 3 张幻灯片讲解，前 2 张图表说

明了投影机市场越来越大，且 LCD 技术和 DLP 技术各自占有很大市场份额，基本不存在将来谁取代谁的问题；第 3 张幻灯片从家用的角度提出了一些选购的原则。另外，还有标题片、目录片和结束片各一张。

图8-2　标题幻灯片

图8-3　目录幻灯片

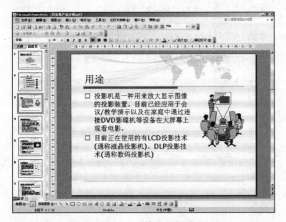

图8-4　前言幻灯片

图8-5　投影机原理及分类幻灯片

图8-6　LCD投影技术幻灯片

图8-7　DLP投影技术幻灯片

图8-8 投影机主要技术参数幻灯片

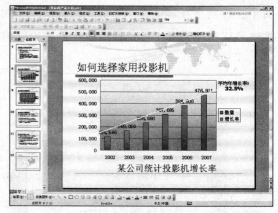

图8-9 如何选用家用投影机1幻灯片

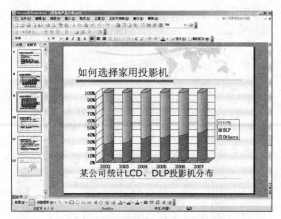

图8-10 如何选用家用投影机2幻灯片

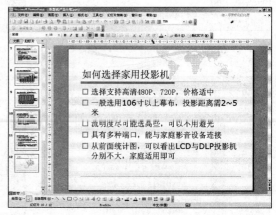

图8-11 如何选用家用投影机3幻灯片

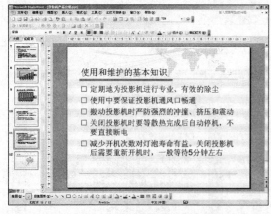

图8-12 使用和维护幻灯片

图8-13 结束幻灯片

　　步骤4，确定表现形式。可以使用母版将幻灯片的主体统一风格，目的是使幻灯片有整体感。另外，页面的排版布局，色调的选择搭配以及文字的字体字号等内容也需统一，同时注意多使用图表等形式表现主题内容。在本幻灯片制作时，确定使用"Profile"设计模板，以蓝色色调为主。

PowerPoint 做成的 PPT 演示文稿通常是用于产品宣传、会议或者网络宣传。这就要求 PPT 演示文稿具有较高的清晰度，不能在演示文稿的制作过程中一味地强调画面美观，而在演示文稿用投影机播放时，让观众看不清细节。一般而言，字体的色彩要与背景的颜色反差大一些，使人阅读起来相对容易，且同一页面不要使用过多的颜色。

步骤 5，准备制作演示文稿的素材。素材的准备有一个积累的过程，主题内容资料可以很快地从专业网站上下载或自己编写，但其他美化演示文稿的背景和图形图像素材、音频素材、视频素材和动画素材可能都需要花一些时间寻找，或投入很大的精力去制作。

在 Internet 上使用搜索引擎，输入"投影机"及"PPT 素材"即可搜索到相关主题网站，准备好有关投影机原理、性能参数、应用、售价、与其他投影机对比等文本资料及图形图像资料。例如，图 8-14 所示的图片素材和按钮素材都是在 Internet 素材网站上下载的。

图8-14　图片和按钮素材

图 8-14 所使用的按钮素材也可以自己通过 Photoshop 等软件制作。如果需要处理素材，相关方法在《计算机应用基础》配套教材第 6 章多媒体软件应用和本书的综合技能训练六电子相册制作、综合技能训练七 DV 制作中已经介绍，也可在 Internet 上参考制作步骤，因篇幅关系这里不再赘述。

在 Internet 上使用搜索引擎或在 IDC 等专业网站上查询关于"投影机增长率"等数据，如图 8-15 所示。

投影机产品介绍.ppt - 数据表		A	B	C	D	E	F
		2002	2003	2004	2005	2006	2007
1	数量	116,586	169,050	236,680	307,685	384,606	476,911
2	增长率		45.00%	40.00%	30.00%	25.00%	24.00%
3							
4							

投影机产品介绍.ppt - 数据表		A	B	C	D	E	F
		2002	2003	2004	2005	2006	2007
1	Others	0.20%	0.30%	0.80%	1.50%	2.30%	3.10%
2	DLP	26.50%	27.80%	33.40%	34.30%	36.40%	39.70%
3	LCD	73.30%	71.90%	65.80%	64.20%	61.30%	57.20%
4							

图8-15　数据素材

如果能找到合适的 PPT 模板，已经具有了漂亮的界面和配色方案，只需考虑如何组织技术内容，可以提高演示文稿的制作效率。

素材是演示文稿不可缺少的组成部分，类型一般包括文本、图片、声音、视频和动画等。正是由于丰富的素材，才使得演示文稿在演讲时能取得较好的效果，让听众获得更形象、更生动的体验。

（1）文本。文本是获取信息的来源。文本素材要有选择地应用于演示文稿，而不是大段地照抄。对于突出重点的文字，应以大字号、鲜艳的颜色标出。文本在计算机中除了可以键盘输入以外，还可用语音识别输入、扫描识别输入以及笔式书写识别输入等方法。文本格式包括 txt、rtf、htm、doc 等。文字素材有时也以图像的方式出现在幻灯片中。

（2）图片。图片能形象展示主题内容，能解决难以用文字或语言描述的内容，能吸引听众的兴趣。图片格式包括 bmp、dib、gif、jpg、tif、tga、pic、wmf、emf、png 等。可以通过 Windows 操作系统"附件"中的画笔、Photoshop、CorelDRAW、FreeHand、Illustrator 等软件进行编辑。图像素材还可用屏幕抓图软件获得，屏幕抓图软件能抓取屏幕上任意位置的图像。常用的屏幕抓图软件有 HyperSnap-DX、Capture Profession、PrintKey 和 SnagIt 等。

（3）声音。声音一般包括音效和音乐。声音一般用在提示注意、朗读和背景音乐等方面，一段优美的音乐能舒缓紧张气氛。声音格式包括 wav、mid、mp3、mp2 等。

（4）视频和动画。视频和动画能增加演示文稿的趣味性，易于使讲演生动形象，吸引观众的注意力。影像文件格式包括 avi、dat、mpg、mov、rm、asf、wmv 等，动画文件格式包括 flc、gif、fli、swf、avi 等。视频和动画编辑软件有 Flash、Ulead 公司的 Media Studio 以及 Adobe 公司的 Premiere 等。

（1）在 Internet 上搜索关于投影机使用的视频，并添加到演示文稿中。注意，从网上下载的视频文件多为 FLV 格式，需要将其转换格式才能在演示文稿中使用。

（2）根据小组确定的演讲主题和采集的素材，按照任务二的说明构思每张幻灯片的主要内容。记录讨论过程，并形成一致意见，记录到如表 8-1 所示的脚本设计表格中。

表 8-1　　　　　　　　　　　演示文稿脚本设计表

序号	幻灯片主题	解说词	幻灯片版式	素材		动画效果	
				类　型	内　容	自定义动画	幻灯片切换
1				文本			
				图片			
				声音			
				视频			
2				文本			
				图片			
				声音			
				视频			

序号	幻灯片主题	解说词	幻灯片版式	素 材		动画效果	
				类 型	内 容	自定义动画	幻灯片切换
3				文本			
				图片			
				声音			
				视频			
4				文本			
				图片			
				声音			
				视频			
5				文本			
				图片			
				声音			
				视频			
6				文本			
				图片			
				声音			
				视频			
7				文本			
				图片			
				声音			
				视频			
8				文本			
				图片			
				声音			
				视频			

任务三 制作演示文稿

　　创建幻灯片时，大家都会应用自己喜欢的设计模板，在每一张幻灯片中自动完成固定元素的添加或格式的统一规范。例如，每页都加入相同图片；正文的文本稍微小一些；幻灯片标题以左对齐的方式排列等。

　　在演示文稿中，通常都会有许多张幻灯片串连起来描述一个主题，为了保证演示文稿风格统一，在制作幻灯片时不能逐一对幻灯片进行相同的设计更改。一般来说，利用幻灯片母版和标题母版，就可以在母版上进行一次更改（包括重新定位文本、更改字体、更改公司的 LOGO 和添加图形），达到对整个演示文稿都进行修改的目的。而且，使用这种方法，演示文稿文件可以占用较少的存储空间。

步骤 1， 新建空演示文稿，选择系统菜单"视图"菜单中的"母版"，从中选择"幻灯片母版"。

步骤 2， 在工作界面左侧空白处，右击鼠标，在弹出菜单中选择"新标题母版"，可打开标题母版。

步骤3，先选择"幻灯片母版"，插入如图8-14所示的"世界地图"素材图片，将其移动到页面上端，并调整大小以适合版面。

步骤4，再选择"标题母版"，插入投影机的剪贴画（或真实投影机的照片），调整剪贴画的位置和大小。

 如果插入对象挡住了原来母版上的图片或占位符，可通过设置"叠放次序"来解决问题。

步骤5，选择"视图"菜单的"页眉和页脚"命令，打开"页眉和页脚"对话框，如图8-16所示，选中"日期和时间"复选框并选择"自动更新"方式，即可插入当天日期。

图8-16　修改幻灯片母版和标题母版

 插入的日期会自动插入到"日期区"位置，并在幻灯片中显示出来，而在母版中不显示。再选择"幻灯片编号"复选框，会在"数字区"位置显示页号，在"页脚"位置输入的文字会在"页脚区"显示。

步骤6，在母版快捷菜单栏上单击"关闭母版视图"按钮或选择系统菜单中"视图"菜单的"普通"命令，返回到普通视图。

步骤7，保存文件。

步骤8，插入第一张幻灯片，自动应用"标题幻灯片"版式。应用"Profile"设计模板，然后在"幻灯片设计"任务窗格中选择"配色方案"命令，打开"应用配色方案"对话框，如图8-17所示。单击对话框底端"编辑配色方案"按钮，打开"编辑配色方案"对话框，选择"自定义"选项卡，选择"强调"选项，再单击"更改颜色"按钮，将默认的红色更改为蓝色，单击"应用"按钮将新的配色方案应用到幻灯片。

 首先应用设计模板，可以确定幻灯片上各个对象的位置，减少以后调整幻灯片对象位置的工作。

图8-17　应用设计模板并修改配色方案

步骤9，插入幻灯片。应用"只有标题"版式，在标题部分输入"目录"2个字，然后插入按钮、虚线等素材图片，插入2个文本框，如图8-18所示。移动对象位置，形成如图8-19所示幻灯片的效果。选中4个对象，进行组合，然后进行复制，并将对象移动到合适位置，如图8-19所示，再对文本框内文字进行修改。

图8-18　插入图片素材及文本框

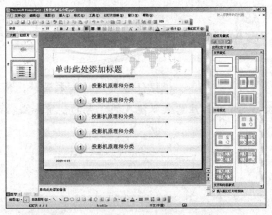

图8-19　组合对象，然后复制，再修改文本

移动对象位置时，可以使用Ctrl+方向键的方式微调对象位置。

步骤10，依次插入后续的幻灯片。方法类似，请用户自行完成。

在这里，仅对第8张和第9张幻灯片的格式修改做一说明。打开第8张幻灯片，双击图表，打开图表编辑状态。在"绘图区"右击鼠标，在弹出的快捷菜单中选择"图表类型"命令，将其设置为"簇状柱形图"；在"绘图区"右击鼠标，在弹出的快捷菜单中选择"设置绘图区格式"命令，打开"绘图区格式"对话框，单击"填充效果"按钮，如图8-20所示。选择颜色为"淡绿色"，底纹样式为"水平"，单击"确定"按钮完成修改。右击"数据系列"，在弹出菜单中选择"设置数据系列格式"命令，在"图案"选项卡中选中颜色为"紫色"（注意，这里没有使用"填充"颜色），在"数据标签"选项卡中选中"值"复选框。单击幻灯片图表区域以外的地方关闭图表编辑状态，

然后插入一条直线和一个文本框，用来表示"平均年增长率"。

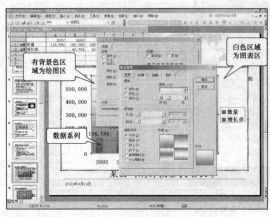

图8-20　填充绘图区效果为单色水平渐变

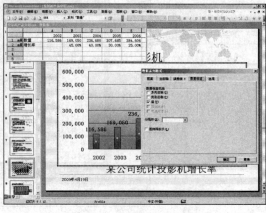

图8-21　修改数据系列格式

将第9张幻灯片"图表类型"设置为"百分比堆积柱形圆柱图"，"背景墙"颜色为"淡绿色"（注意，在三维图形格式下称为背景墙，而第8张幻灯片的相应区域称为绘图区）。LCD和DLP数据系列颜色分别设置为金色和蓝色，如图8-21所示。

步骤11，检查演示文稿，并保存文件。

在演示文稿编辑的过程中，应随时存盘，保护劳动成果。

根据任务确定的脚本设计，请每位同学各自制作演示文稿，并在小组中展示，注意吸取他人的优秀的创意和成功经验。

任务四　设计播放的动作和特殊效果

常用的幻灯片放映效果，包括设置超级链接，设置对象的动画效果，设置幻灯片切换效果等。但要注意，适当运用动态效果能吸引观众的注意力、突出重点，效果太多将适得其反。

PowerPoint可以设置幻灯片中文本、图形和图表等对象的动画效果，可通过"幻灯片放映"菜单上的"动画方案"进行设置。动画效果有：出现、依次渐变、向内溶解、典雅、回旋、字幕式、浮动等。幻灯片切换效果是在"幻灯片放映"视图中从一个幻灯片移到下一个幻灯片时出现的类似动画的效果。可以控制每个幻灯片切换效果的速度，还可以添加声音。设置方法可参照《计算机应用基础》配套教材中的7.3.4节、7.3.5节和7.3.6节。

步骤 1，设置"目录"幻灯片的动画效果。小王同学希望在演讲时目录中的各个条目不要同时出现在幻灯片上，而是随着自己的讲解按顺序出现。首先，选中第 2 张幻灯片，打开"自定义动画"窗格，在幻灯片中选中第 1 个条目（注，目录中每个对象都是已经组合的对象），添加效果为"出现"，依次将 5 个条目都设置为"出现"效果。注意，设置完动画效果后，在幻灯片的条目旁出现了表示播放顺序的数字 1 ～ 5，如图 8-22 所示。放映幻灯片测试效果。

幻灯片放映时，通过单击鼠标控制放映。

步骤 2，使用"计时"播放自定义动画。小王同学希望在放映幻灯片时显得更专业，不用单击鼠标的方式控制放映。经过排练，讲解此幻灯片每个条目的大概时间为 5 秒。在自定义窗格中，在"组合 2"项目中右击鼠标，在快捷菜单中选择"计时"命令，打开"出现"对话框，如图 8-23 所示，在"计时"选项卡中选择开始"⏱ 之后"延迟"0 秒"时间，后面的 4 个项目选择延迟"5秒"时间。放映幻灯片测试效果。

步骤 3，将目录与内容建立链接，如图 8-24 所示，方法可参考《计算机应用基础》配套教材中的实例 7.11。然后，在对应主题播放后，还需设置链接回到"目录"幻灯片。

图8-22 设置"目录"幻灯片的动画效果

图8-23 "计时"选项卡

步骤 4，设置幻灯片切换。小王认为不需要每张幻灯片都设计切换，只在标题变化时加入切换效果，即在第 3、5、7、8、10、11 张幻灯片设置了"水平百叶窗"切换效果。方法可参照《计算机应用基础》配套教材中的实例 7.13。

步骤 5，设置图表的动画效果。对第 8 张幻灯片的图标设置动画效果，使得数据序列从左至右依次出现。选中图表，设置自定义动画为"出现"效果，在自定义动画窗格中用鼠标右键单击"图表"项目，在弹出菜单中选择"效果选项"命令，如图 8-25 所示，在"图表动画"选项卡中选择"按序列中的元素"选项，单击"确定"按钮改变设置。

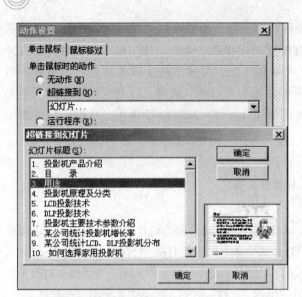

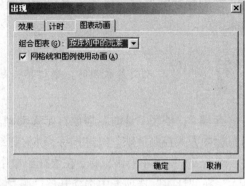

图8-24 将目录与内容建立链接　　　　　　　　图8-25 图表的动画效果

（1）如何在幻灯片中插入声音？例如，在结束放映幻灯片中加入"鼓掌"声音。

（2）如果演示由多人完成，每个人都有自己的演示文稿文件，能否使用链接的方式连接在一起呢？

任务五　生成可独立播放的文件

在某些场合下，可能需要在没有安装 PowerPoint 的计算机上播放演示文稿；或者制作的演示文稿包含了很多的链接，这时都需要对演示文稿做一定处理，才能适应这些场合的需求。可以使用打包方式，也可以生成 PPS、MHT 等格式的播放文件。

打包演示文稿，将自动包括链接（链接对象：该对象在源文件中创建，然后被插入到目标文件中，并且维持两个文件之间的连接关系。更新源文件时，目标文件中的链接对象也可以得到更新。）文件和 PowerPoint 播放器，因此即使其他计算机上未安装 PowerPoint，也可在该计算机上运行打包的演示文稿。可参照《计算机应用基础》配套教材中的 7.4.3 节的相关内容，在这里不再赘述。

步骤1，打开已建好的演示文稿，单击"文件"菜单，选择"另存为"命令，弹出"另存为"对话框，如图 8-26 所示。

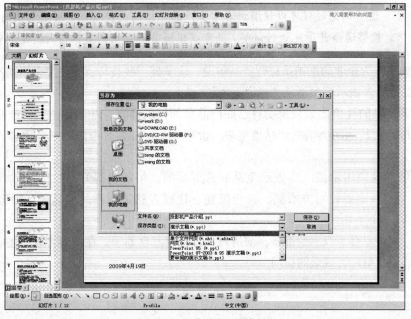

图8-26　生成可独立播放文件

步骤2，在"保存类型"下拉列表中选择"PowerPoint 放映 (*.PPS)"项，然后单击"保存"按钮，就将当前文件保存为 PPS 格式的放映文件。以后想要播放时只需双击此文件，就可以放映此演示文稿了。

在没有安装 PowerPoint 的计算机中，PPS 格式的演示文稿同样是不能播放的。

在"保存类型"下拉列表中选择"单个文件网页 (*.mht,*.mhtml)"项，然后单击"保存"按钮，就将当前文件保存成扩展名为 .mht 的放映文件。注意，此种格式文件默认使用 IE 浏览器打开。

任务六　演示并讲解作品

在任务一中已经对发表演讲时各个阶段的任务进行了概述，下面说明如何形成演讲稿。

步骤1，在了解产品的相关知识以后，为了保证演讲者能够充分熟悉演讲内容。首先，编写3000 字的产品介绍，尽可能用自己的语言说明，并设计好内在的逻辑与层次。

通过这种方式可以使演讲者迅速地熟悉和掌握产品的基础介绍内容。

步骤2，将 3000 字的文章压缩到 1000 字，要求表达精确、简练。

步骤3，将 1000 字的文章压缩到 500 字，明确介绍的核心要点。

步骤4，再将 500 字重新扩充到 3000 字，使演讲者重新认识自己对产品应当如何介绍。

这一训练过程可以使演讲者掌握产品介绍的关键要点，并且形成自己的描述语言，能够通俗易懂地进行讲解，并可以根据演讲现场的具体情况迅速调整演讲时间。

另外，如果作为企业的推销员进行产品解说，应掌握一些技巧：一是要多强调产品的价值而少谈价格；二是要多做示范而不是"光说不练"。

（1）强调产品的性价比。只说明自己的产品是如何的便宜，却不注重强调产品自身的价值是不行的。市场上其他同类型的产品也很多，价格不一定是顾客考虑的唯一因素，品质才是更重要的。

（2）多做产品使用示范。多做示范是非常重要的，俗话说得好，"百闻不如一见"。向顾客推荐的产品，一定要让对方看到，甚至摸到，让顾客感觉到产品的品质，顾客才更容易接受产品。

步骤5，演讲。有了以上的准备，演讲时就可以收发自如了。在演讲之后，还应该与听众做一些互动，能够正确回答观众的提问。

评价交流

学生自评表

	任务完成情况	经 验 总 结	小组讨论发言
了解演示（讲）步骤			
设计、规划演示文稿与素材准备			
制作演示文稿			
设计播放的动作和特殊效果			

	任务完成情况	经 验 总 结	小组讨论发言
生成可独立播放的文件			
演示并讲解作品			

拓展训练 快速操作训练

1. 训练一

要求：

新建演示文稿 ys1.ppt，按下列要求完成对此文稿的修饰并保存。（5 分钟完成）

演示文稿使用"blends"设计模板；幻灯片为"标题幻灯片"版式；插入日期为副标题（注意：显示打开演示文稿的当天日期）；设置字体为楷体 _GB2312，标题字号为 72 磅，副标题字号为 40 磅，如图 8-27 所示。幻灯片切换效果全部设置为"从右抽出"，幻灯片中的副标题动画效果设置为"底部飞入"。

2. 训练二

要求：

新建演示文稿 ys2.ppt，如图 8-28 所示，按下列要求完成对此文稿的修饰并保存。（5 分钟完成）

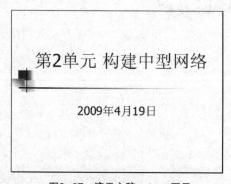

图8-27　演示文稿ys1.ppt图示

图8-28　演示文稿ys2.ppt图示

提示：

（1）幻灯片设计模板为"Glass Layers"；幻灯片标题字号为 50 磅，颜色为黄色；插入"运动"类型的剪贴画。

（2）对幻灯片文本部分设置自定义动画，效果为"强调"/"更改字形"/"下划线"。

综合技能训练八

产品介绍演示文稿制作

3. 训练三

要求：

将演示文稿 ys1.ppt 和 ys2.ppt 添加在一个演示文稿中，保存为 ys3.ppt，并按照下列要求完成修饰。（5分钟完成）

提示：

（1）选择演示文稿第 1 张幻灯片的标题，将标题中文字设置为黑体、加粗、60 磅，英文设置为 Arial Black、54 磅，全部为自定义红色（红色 255、绿色 0、蓝色 0）。

（2）将第 1 张幻灯片的背景填充"棚架"图案效果。

（3）将演示文稿中所有幻灯片的切换效果设置为"从下抽出"，第 2 张除标题外，动画设置为"左侧飞入"。

4. 训练四

要求：

打开演示文稿 ys3.ppt，按照下列要求完成修饰并保存为 ys4.ppt。（5分钟完成）

提示：

（1）将第 2 张幻灯片版式改为"标题，剪贴画与竖排文字"。

（2）将第 1 张幻灯片的背景填充预设颜色为"雨后初晴"。

（3）将第 3 张幻灯片标题设置字体为隶书，字号为 48 磅，然后将该幻灯片移为演示文稿的第 2 张幻灯片。

（4）全部幻灯片的切换效果设置为"盒状展开"。

5. 训练五

要求：

打开演示文稿 ys3.ppt，按照下列要求完成修饰并保存为 ys5.ppt。（5分钟完成）

提示：

进入幻灯片母版，将标题文字设置为楷体 _GB2312、48 磅、加粗、阴影、蓝色；将一级标题文字设置为仿宋体、38 磅、阴影、橘黄色；添加文本"Welcome"，字体设置为 Arial、斜体、加粗，缩小后放置在左下角；添加页脚为"Internet 与 Web 技术"。

综合技能训练九

个人网络空间构建

随着网络的普及，Internet 为人们提供的服务也越来越多，拥有自己的个人网络空间已经成为时尚一族的新宠。在个人网络空间里，人们可以将自己喜欢的照片上传到网络相册里，可以将自己的心情以网络日记的形式发表到个人的 Blog 中，可以将自己喜欢的音乐添加到音乐收藏夹中，可以装扮自己的网上家园等。同学们还等什么，赶快行动吧。

任务描述

以"dljsj_student"为用户名在网站"我的朋友，我的家"（http://www.51.com）上申请个人网络空间，通过相应的素材构建个人网络空间，并完成对个人网络空间的管理维护，最终效果如图 9-1 ～图 9-7 所示。

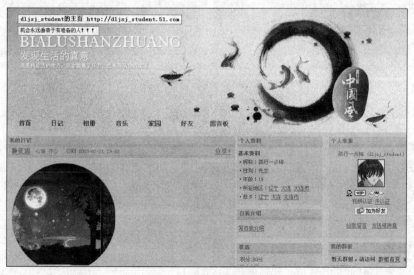

图9-1　个人网络空间主页

图9-2 网络相册

图9-3 网络日记

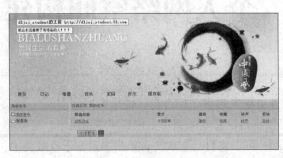

图9-4 收藏音乐

图9-5 装扮家园

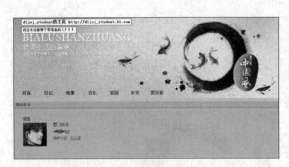

图9-6 添加好友

图9-7 留言板

技能目标

· 通过个人网络空间的构建，学会申请个人网络空间、书写"网络日志"、上传照片到"网络相册"、添加"音乐"和"好友"、发表留言等网络空间的常用功能。

· 学会管理维护个人网络空间，培养从网络中获取知识的能力，达到通过网络彼此交流的目的。

· 培养辨明不良网站和信息的能力，树立网络安全意识。

环境要求

接入 Internet 的计算机。

任务分析

根据最终效果图所示的网络空间完成相关内容构建，并完成个人网络空间的管理维护，需要按照下述 4 个步骤进行操作。

（1）申请个人网络空间。首先需要到提供个人空间服务的网站上申请网络空间账号。

（2）构建个人网络空间。整理构建个人网络空间内容的相关素材，如相片、音乐等。

（3）管理维护个人网络空间。构建完个人网络空间之后，需要登录个人网络空间进行管理维护。

（4）访问个人网络空间。让你的好友访问你的个人网络空间并发表留言。

完成形式：以小组为单位进行讨论学习。

任务一 申请个人网络空间

想要拥有自己的空间，同学们需要到网上申请网络空间账号，在本次任务中，主要完成在"我的朋友、我的家"（http://www.51.com）网站上注册账号，申请一个免费的个人网络空间。

步骤 1，在 IE 浏览器地址栏中输入"http://www.51.com"，打开网站主页，如图 9-8 所示。

图9-8 打开http://www.51.com主页

步骤 2，单击"注册"按钮，在弹出的界面中填入注册信息，如图 9-9 所示。

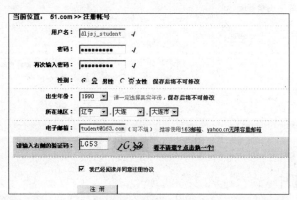

图9-9 填写注册信息

步骤 3，单击"注册"按钮，在弹出的页面中，添加上个人头像，喜欢的主页模板等资料后，单击"提交并完成注册"按钮后出现申请成功界面，如图 9-10 所示。

图9-10　申请成功界面

任务二　构建个人网络空间

个人网络空间申请成功后，还需要整理素材来构建自己的个人网络空间。在本次任务中，主要完成"相册"、"日记"、"音乐"、"秘密记事本"、"网址收藏夹"、"亲友通讯录"、"网盘"、"分享"、"主页模板"等空间模块的构建和个人资料、密码保护问题的填写。

一、相册的管理

（一）增加相册分类

单击图9-10中"相册"链接，然后单击"分类管理"链接，可以对相册分类进行增加、改名、删除等操作。如要增加相册分类"风景照片"，可以在"增加分类"文本框中输入"风景照片"，如图9-11所示，然后单击"增加分类"按钮即可。

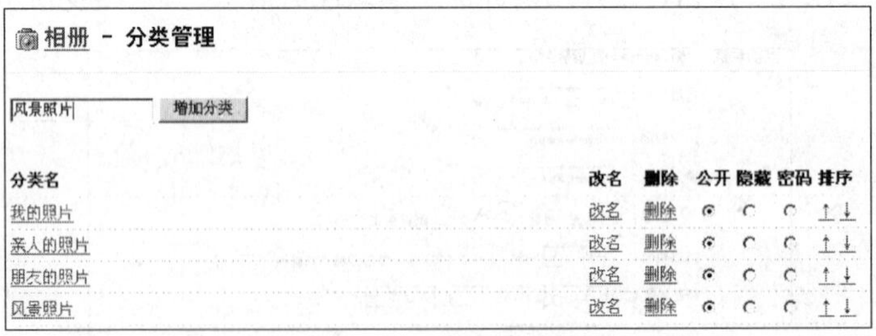

图9-11　增加相册分类

（二）上传相片

步骤1，单击"风景照片"链接，然后单击"上传照片"链接，如图9-12所示。

步骤2，在弹出的界面中单击"浏览"按钮，选择图片，如图9-13所示，然后单击"开始上传"按钮即可将选中的图片上传到相册中。

图9-12　上传相片

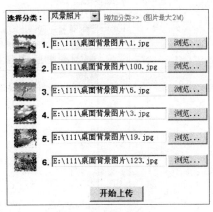

图9-13　选择上传图片

二、日记的管理

（一）增加日记分类

单击图 9-10 中"日记"链接，然后单击"分类管理"链接，可以对日记分类进行增加、改名、删除等操作。如要增加日记分类"我的心情"，可以在"增加分类"文本框中输入"我的心情"，如图 9-14 所示，然后单击"增加分类"按钮即可。

图9-14　增加日记分类

（二）书写网络日记

步骤 1，单击"我的心情"链接，然后单击"写日记/文章"链接或者单击"开始写"链接，如图 9-15 所示。

图9-15　书写网络日记

步骤 2，在弹出的界面中书写网络日记，如图 9-16 所示，结束时单击"发表"按钮即可。

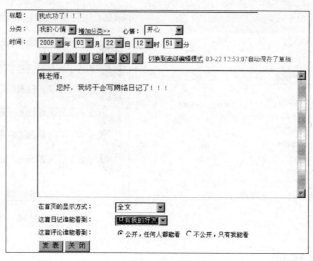

图9-16　发表网络日记

三、音乐的管理

（一）增加音乐分类

单击图 9-10 中"音乐"链接，然后单击"分类管理"链接，可以对音乐分类进行增加、改名、删除等操作。如要增加音乐分类"轻音乐"，可以在"增加分类"文本框中输入"轻音乐"，如图 9-17 所示，然后单击"增加分类"按钮即可。

图9-17　增加音乐分类

（二）收藏音乐

步骤 1，单击"轻音乐"链接，然后在"搜索"文本框中输入"出埃及记"，如图 9-18 所示，然后单击"搜索"按钮。

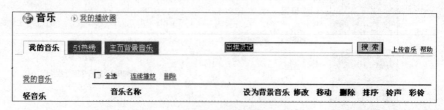

图9-18　搜索音乐

步骤 2，在弹出的界面中选择其中一个歌曲链接，然后单击"收藏"图标，在弹出的收藏音乐对话框中选择分类为"轻音乐"，如图 9-19 所示，然后单击"确定"按钮。

图9-19　添加音乐

步骤3，在分类"轻音乐"中单击歌曲名称就可以播放了，如图9-20所示。

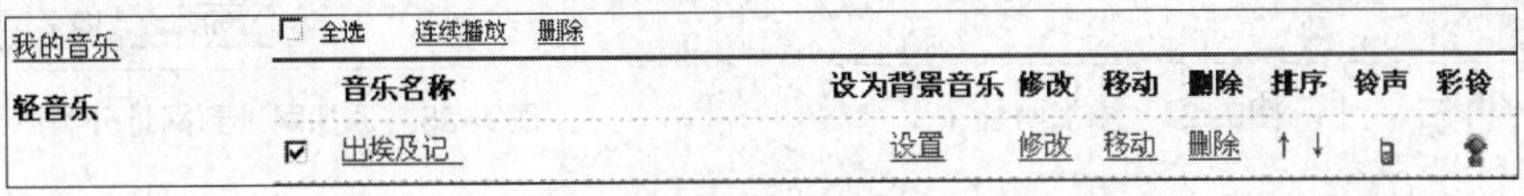

 如果是VIP用户，可以连续播放歌曲，并且可以将所选择的歌曲设置为个人网络空间的背景音乐。

图9-20　播放音乐

四、秘密记事本的管理

单击图9-10中"秘密记事本"链接，然后单击"增加秘密记事"链接，可以记录一些重要的但又不想被别人看到的信息，如图9-21所示。

图9-21　记录秘密信息

五、网址收藏夹的管理

（一）增加网址分类

步骤1，单击图9-10中"网址收藏夹"链接，然后单击"进入编辑状态"链接，如图9-22所示。

步骤2，在弹出的界面中单击"增加分类"按钮，如要增加网址分类"常用网址"，则在"增加分类"文本框中输入"常用网址"，如图9-23所示，然后单击"保存"按钮即可。

去用户管理中心

☆添加网址　｜进入编辑状态　｜设置为上网首页

图9-22　增加网址分类

图9-23　增加网址分类

（二）增加网址到网址分类"常用网址"中

步骤1，单击"常用网址"链接，然后再单击"添加网址"链接，如图9-24所示。

步骤2，在出现的界面中输入添加的网址，最后单击"保存地址"按钮即可，如图9-25所示。

图9-24　添加网址　　　　　　图9-25　添加网址到网址分类"常用网址"中

六、亲友通讯录的管理

（一）增加通讯录分类

单击图9-10中"亲友通讯录"链接，然后单击"分类管理"链接，可以对亲友通讯录分类进行增加、改名、删除等操作，如图9-26所示。

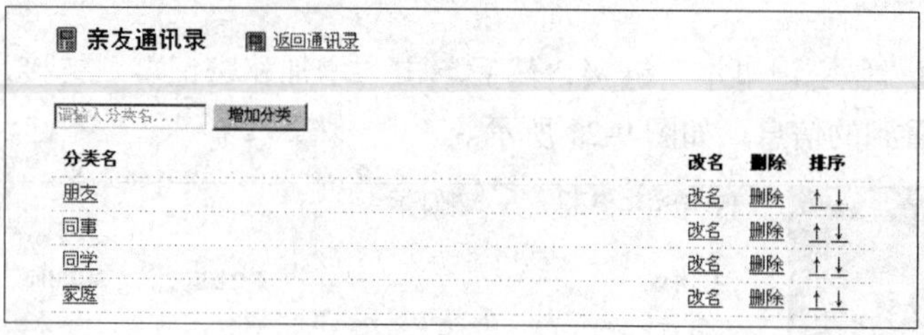

图9-26　增加通讯录

（二）增加联系人

如增加联系人到"同学"分类中，只需单击"同学"链接，然后单击"添加联系人"链接即可，如图9-27所示。

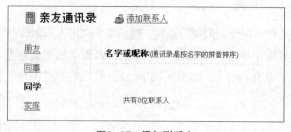

图9-27　添加联系人

七、网盘的管理

如果是VIP用户，单击图9-10中"网盘"链接，然后单击"分类管理"链接，可以对网盘分类进行增加、改名、删除等操作，单击"上传文件"链接或者单击"开始上传"链接可以将本地的资源上传到网盘中存放，如图9-28所示。

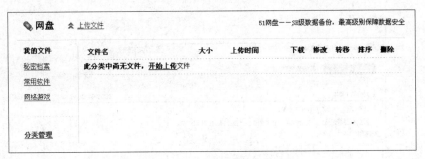

图9-28　网盘操作界面

八、分享的管理

可以将自己感兴趣的网站分享给你的好友，也可以接收好友的分享，如分享网站 http://bbs.net130.com 给你的好友的步骤如下。

步骤 1，单击图 9-10 中"分享"链接，如图 9-29 所示。

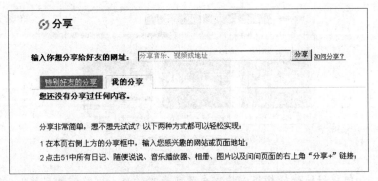

图9-29　"分享"界面

步骤 2，在"输入你想分享给好友的网址"文本框中输入"http://bbs.net130.com"，然后单击"分享"按钮，在弹出的界面中输入评论信息后，如图 9-30 所示，单击"确定"按钮即可。

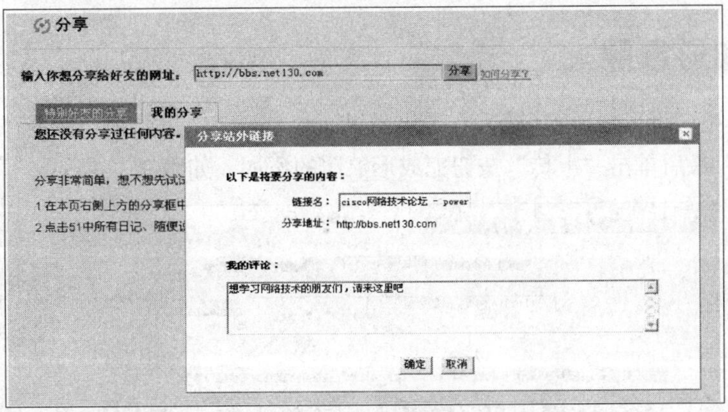

图9-30　输入分享的网址

步骤 3，成功分享网址给你的好友，如图 9-31 所示。

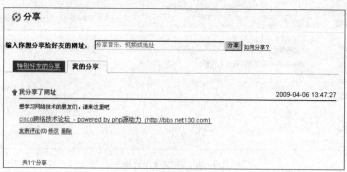

图9-31 成功分享网址

九、主页模板的管理

单击图 9-10 中"主页模板"链接，选择一种喜欢的模板样式，然后单击"应用"链接，可以更改个人主页空间的显示模板样式，如图 9-32 所示。

图9-32 更改个人空间主页模板

如何更好地选择模板以构建自己所喜欢的个人网络空间风格？

十、添加形象照

单击图 9-10 中"设形象照"链接，在弹出的界面中单击"上传照片"标签，然后单击"浏览"按钮，选择照片，最后单击"上传"按钮完成形象照的添加，如图 9-33 所示。

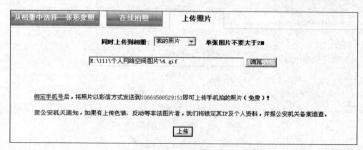

图9-33 上传形象照

添加成功后的界面如图9-34所示。

图9-34 成功添加形象照

也可以单击"从相册中选择一张形象照"标签从网络相册中选择一个图片作为形象照，或者单击"在线拍照"标签，利用摄像头拍一张自己的照片作为形象照。

十一、完善个人资料

单击图9-10中"个人资料"链接，在弹出的界面中填写个人信息后单击"保存"按钮，如图9-35所示。

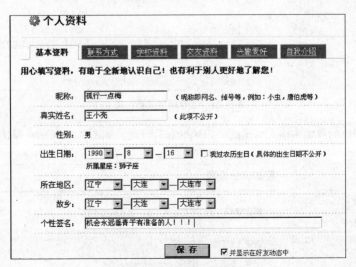

图9-35 填写个人资料

不要只填写基本的资料，将"联系方式"、"学校资料"、"交友资料"、"兴趣爱好"、"自我介绍"等内容都填写完整。

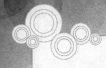

十二、密码保护设置

提示 为了使个人网络空间更加安全，在密码遗忘的时候也能够访问自己的空间，建议设置密码保护功能，具体设置过程如下。

步骤 1，单击图 9-10 中“密码设置”链接，在弹出的界面中填写注册时的登录密码，然后单击“下一步”按钮，如图 9-36 所示。

修改密码
二级密码
密码保护设置
密码保护设置
您可以通过邮箱绑定、手机绑定和设置机密问题三种方式实现密码保护，一旦申请成功，从此不担心丢失密码。
设置前请先验证用户名和密码：
用户名：dljsj_student
密 码：
下一步

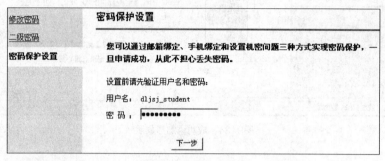

图9-36 填写登录密码

步骤 2，在弹出的界面中选择“绑定邮箱”链接，如图 9-37 所示。

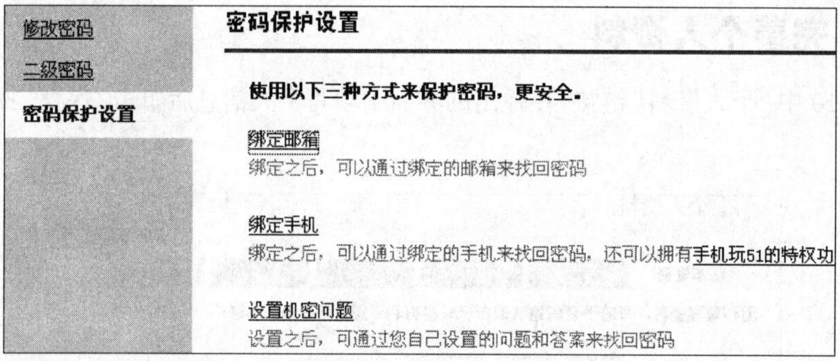

修改密码
二级密码
密码保护设置
密码保护设置
使用以下三种方式来保护密码，更安全。
绑定邮箱
绑定之后，可以通过绑定的邮箱来找回密码
绑定手机
绑定之后，可以通过绑定的手机来找回密码，还可以拥有手机玩51的特权功
设置机密问题
设置之后，可通过您自己设置的问题和答案来找回密码

图9-37 选择绑定邮箱方式

步骤 3，在弹出的界面中输入绑定的邮箱地址和验证码，如图 9-38 所示，单击“下一步”按钮。

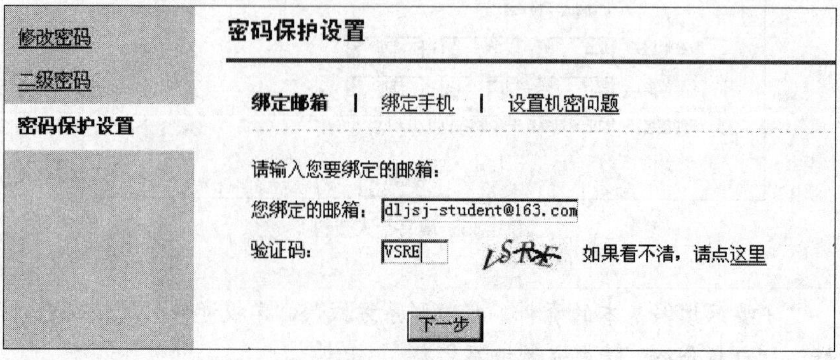

修改密码
二级密码
密码保护设置
密码保护设置
绑定邮箱 | 绑定手机 | 设置机密问题
请输入您要绑定的邮箱：
您绑定的邮箱：dljsj-student@163.com
验证码：VSRE
如果看不清，请点这里
下一步

图9-38 输入绑定邮箱地址和验证码

 难点提示　　此处输入的邮箱地址必须是有效的。因为在下面的步骤当中需要登录该邮箱获取验证码。

步骤4, 到绑定的邮箱中获取验证数字,然后单击"确定"按钮,如图9-39所示。

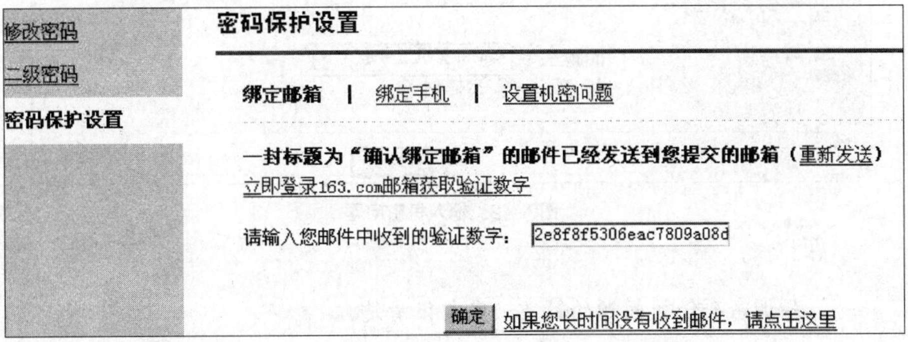

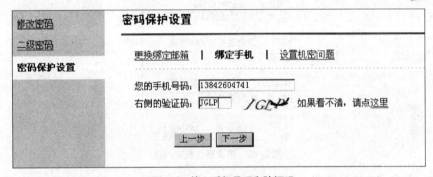

图9-39　获取验证数字

步骤5, 在弹出的界面中输入手机号码和验证码,如图9-40所示,单击"下一步"按钮。

```
密码保护设置

修改密码
二级密码
密码保护设置

更换绑定邮箱　|　绑定手机　|　设置机密问题

您的手机号码: 13842604741
右侧的验证码: JGLP    JGLP  如果看不清,请点这里

上一步  下一步
```

图9-40　输入手机号码和验证码

步骤6, 在弹出的界面中输入手机收到的验证数字之后,如图9-41所示,单击"下一步"按钮。

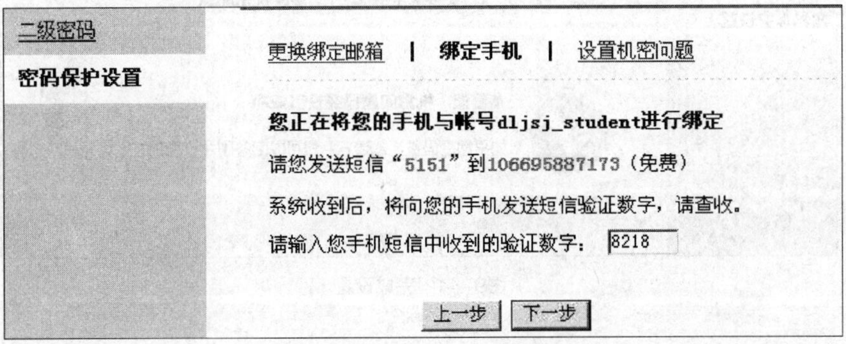

```
二级密码
密码保护设置

更换绑定邮箱　|　绑定手机　|　设置机密问题

您正在将您的手机与帐号dljsj_student进行绑定
请您发送短信"5151"到106695887173(免费)
系统收到后,将向您的手机发送短信验证数字,请查收。
请输入您手机短信中收到的验证数字: 8218

上一步  下一步
```

图9-41　输入手机验证数字

步骤7, 在弹出的界面中输入机密问题,如图9-42所示。

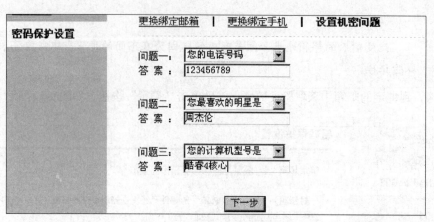

图9-42　输入机密问题

 强调密码保护问题的答案一定要记清楚。

步骤8，在弹出的界面中再次输入设置的机密问题，如图9-43所示，并单击"下一步"按钮。

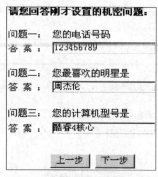

图9-43　再次确认机密问题

步骤9，单击"确定"按钮，如图9-44所示，完成设置。

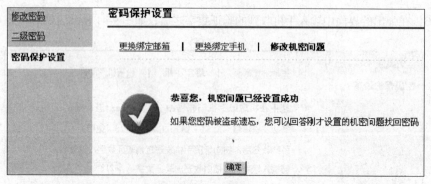

图9-44　完成设置

十三、设置防骚扰功能

单击图9-10中"防骚扰"链接，在弹出的界面中进行设置，如图9-45所示。

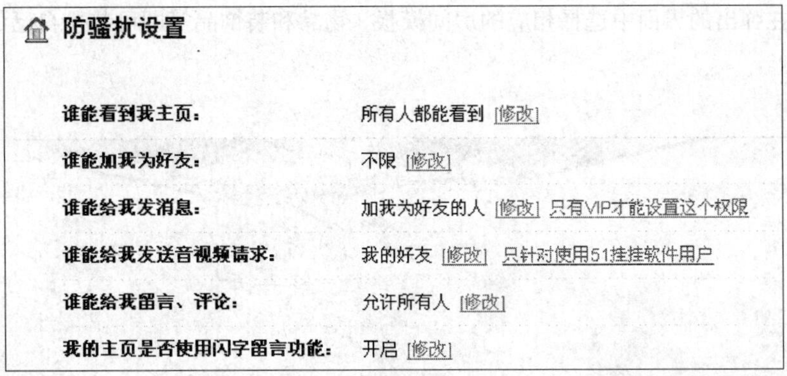

防骚扰设置
谁能看到我主页：
所有人都能看到 [修改]
谁能加我为好友：
不限 [修改]
谁能给我发消息：
加我为好友的人 [修改] 只有VIP才能设置这个权限
谁能给我发送音视频请求：
我的好友 [修改] 只针对使用51挂挂软件用户
谁能给我留言、评论：
允许所有人 [修改]
我的主页是否使用闪字留言功能：
开启 [修改]

图9-45 设置防骚扰功能

十四、装扮家园

步骤1，打开个人网络空间主页，然后单击“家园”链接，如图9-46所示。

dljsj_student的主页 http://dljsj_student.51.com
机会永远垂青于有准备的人！！！
BIALUSHANZHUANG
发现生活的真意
首页
日记
相册
音乐
家园
好友
留言板

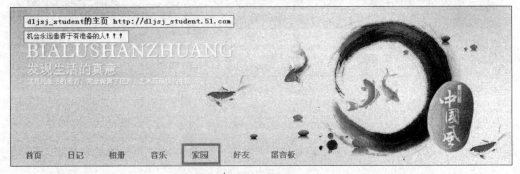

图9-46 单击“家园”链接

步骤2，在弹出的界面中单击“装扮我的家园”按钮，如图9-47所示。

您还没有推荐照片
家园访客：0人
装扮我的家园
未开锁

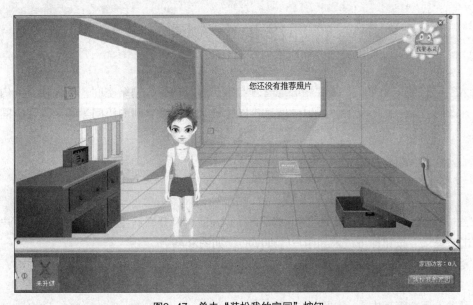

图9-47 单击“装扮我的家园”按钮

步骤3，在弹出的界面中选择相应的房间模板、物品和装饰品等即可装扮自己的网上家园了，如图9-48所示。

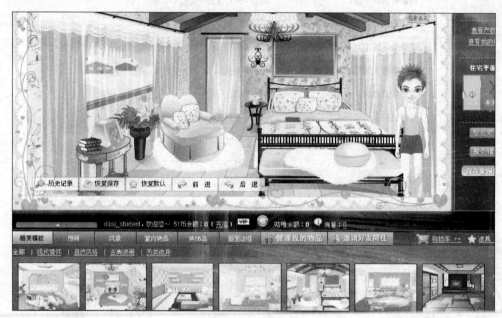

图9-48　选择装饰物品

　在装扮自己网上家园的时候，需要有一定量的"51币"购买装饰物品。

任务三　管理维护个人网络空间

个人空间构建完毕之后，需要精心地管理与维护自己的个人网络空间，从而使空间内容不断更新，并及时清除一些不良的访问记录信息，以保证个人网络空间的访问量和个人在空间中的人气指数。

（一）进入用户管理中心

方法一：在IE地址栏中输入"http://www.51.com"，打开网站主页，输入注册的用户名和密码，单击"登录"按钮即可进入到用户管理中心，如图9-49所示。

方法二：在IE地址栏中输入"http://dljsj_student.51.com"，打开个人网络空间主页，单击右上角的"登录"链接，如图9-50所示。在弹出的界面中输入注册的用户名和密码，单击"登录"按钮即可进入用户管理中心，如图9-51所示。

图9-49　进入用户管理中心

图9-50　单击"登录"链接

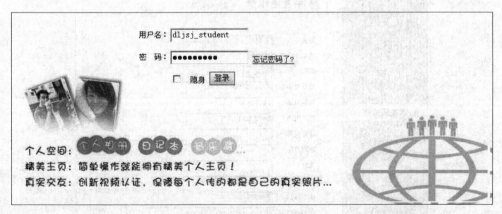

图9-51　进入用户管理中心

（二）管理维护个人网络空间

进入到用户管理中心后，就可以针对具体的内容进行设置修改，如图 9-52 所示。

图9-52　用户管理中心主界面

例一： 新认识了一个网友，想将他的通讯方式添加到"亲友通讯录"中的步骤如下。

步骤1， 单击图9-52中的"亲友通讯录"链接，结果如图9-53所示。

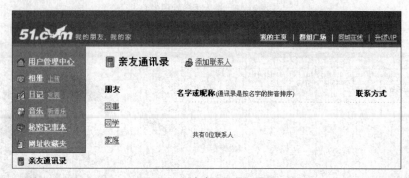

图9-53　"亲友通讯录"界面

步骤2， 单击"添加联系人"链接，在弹出的界面中填写相关信息，如图9-54所示，然后单击"保存"按钮。

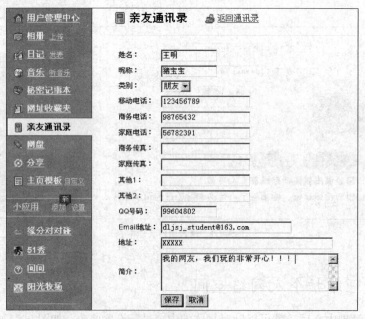

图9-54　填写好友信息

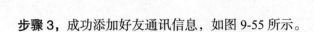
步骤3，成功添加好友通讯信息，如图9-55所示。

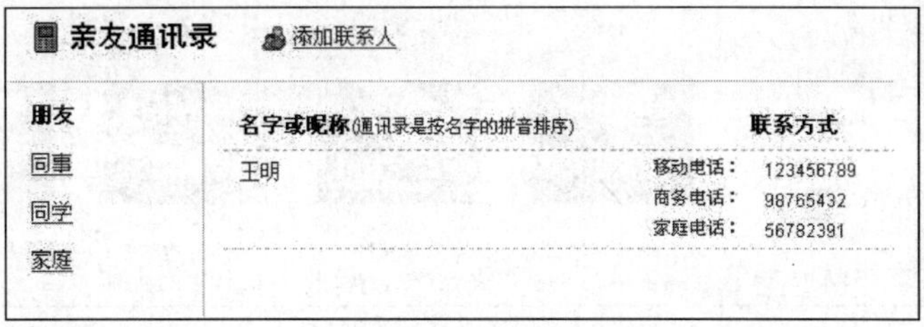

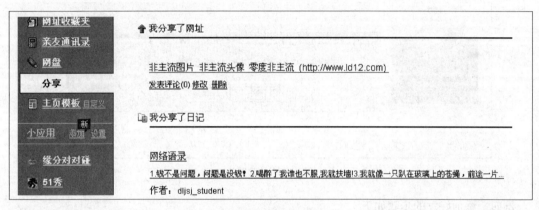

图9-55 成功添加好友

例二：删除分享给好友的网址"http://www.ld12.com"的步骤如下。

步骤1，单击图9-52中的"分享"链接，如图9-56所示。

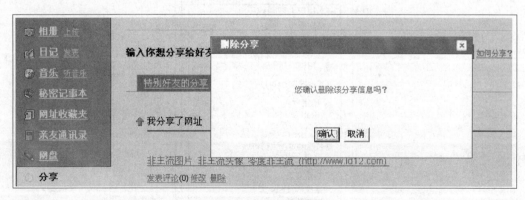

图9-56 "分享"界面

步骤2，在欲删除的网址下方单击"删除"链接，然后在弹出的界面中单击"确认"按钮即可，如图9-57所示。

图9-57 删除分享的网址

例三：删除已经上传的照片，步骤如下。

步骤1，单击图9-52中的"相册"链接，如图9-58所示。

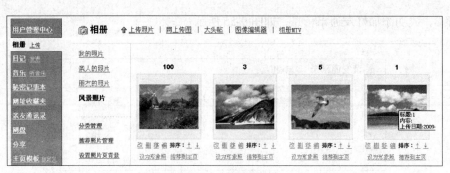

图9-58 "相册"界面

步骤2，在欲删除的照片下方单击"删"链接，在弹出的界面中单击"确定"按钮即可，如图9-59所示。

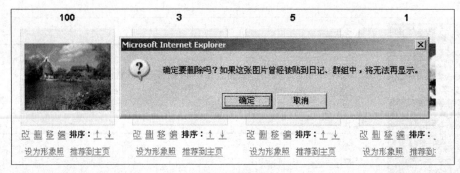

图9-59 删除照片

例四：添加好友的步骤如下。

步骤1，在用户管理中心主界面中单击"查找新朋友"链接可以添加好友，如图9-60所示。

图9-60 添加好友

步骤 2，单击"管理"链接可以对添加的好友进行分类的管理，如图 9-61 所示。

图9-61 管理好友信息

任务四 访问个人网络空间

个人空间构建完毕之后，将你个人网络空间的地址告诉你的好友，让他们来你的地盘踩踩吧。

步骤 1，在 IE 浏览器的地址栏中输入"http://dljsj_student.51.com"即可访问个人网络空间，如图 9-62 所示。

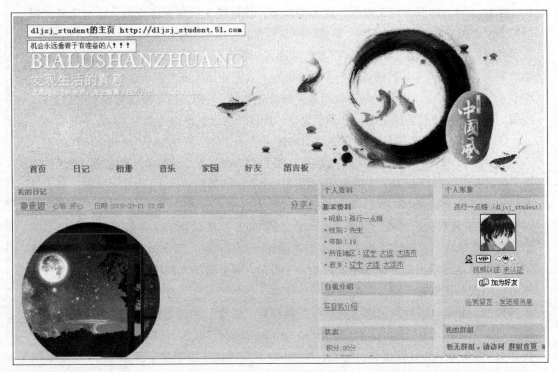

图9-62 个人网络空间主页

步骤 2，单击"留言板"链接可以发表对访问的个人网络空间的感想，如图 9-63 所示。

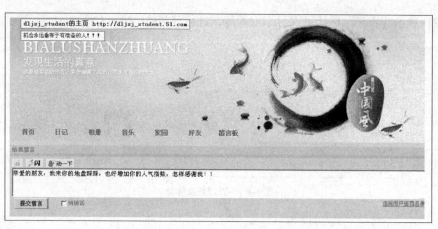

图9-63　发表留言

（1）带宽。带宽有很多种解释，这里所说的带宽通常指在通信和网络领域中的信道带宽，具体指的是网络信号可使用的最高频率与最低频率之差，或者说是频带的宽度，也就是所谓的"Bandwidth"。常用的单位是bit/s（bit per second），即每秒多少比特。

（2）网络数字生活概述。随着社会的发展，现代化的生活方式正快节奏地发生着质变，一场轰轰烈烈的数字革命开始了。人们不再沉浸在传统的生活模式之中，而是体现在通过互联网提供的各种神奇的实用功能，如电子邮件、信息下载、网上新闻、网上炒股、网上求医、网上游戏等，使网络化数字生活成为生活中重要的组成部分。在数字化的多彩生活中，需要一种强有力的介质来实现和高科技生活接入的方式，宽带网成为了最新的接入平台。从技术上来说，所谓宽带（Boardband）就是指在同一传输介质上，可以利用不同的频道进行多重的传输。人们使用的窄带网络仅仅能够完成浏览、E-mail、FTP等功能，而宽带网不仅可以完成上述功能，人们通过宽带网可以实现集语音、视频、图像于一体的多种功能，来满足语音、图像等大量信息同传的需求。

（3）Web网址工作机制。万维网有如此强大的功能，那WWW是如何运作的呢？WWW中的信息资源主要由一篇篇的Web文档（或称Web页）为基本元素构成。这些Web页采用超级文本（Hyper Text）的格式，即可以含有指向其他Web页或其本身内部特定位置的超级链接（或简称链接）。可以将链接理解为指向其他Web页的"指针"。链接使得Web页交织为网状。这样，如果Internet上的Web页和链接非常多的话，就构成了一个巨大的信息网。当用户从WWW服务器取到一个文件后，用户需要在自己的屏幕上将它正确无误地显示出来。由于将文件放入WWW服务器的人并不知道将来阅读这个文件的人到底会使用哪一种类型的计算机或终端，要保证每个人在屏幕上都能读到正确显示的文件，必须以某种类型的计算机或终端都能"看懂"的方式来描述文件，于是就产生了超文本标记语言（Hype Text Markup Language，HTML）。HTML对Web页的内容、格式及Web页中的超链接进行描述，而Web浏览器的作用就在于读取Web网点上的HTML文档，再根据此类文档中的描述组织并显示相应的Web页面。

评价交流

学生自评表

	任务完成情况	经验总结	小组讨论发言
申请个人网络空间			
构建个人网络空间			
管理维护个人网络空间			
访问个人网络空间			

拓展训练一　网络 VIP 用户申请

要求：

探究如何由普通用户升级为 VIP 用户，享受更多个人网络空间的功能服务（学生自主探究学习为主）？

拓展训练二　在其他网站上构建个人网络空间

要求：

在新浪网站上申请个人网络空间，并整理素材构建个人网络空间，然后将自己空间的地址告诉你的老师和同学，看看谁的空间访问量最多，人气指数最高。

提示：

步骤1， 在新浪网站主页上单击"空间"链接，如图 9-64 所示。

图9-64　单击"空间"链接

步骤2， 在弹出的界面中单击"我要注册立刻拥有新浪空间"按钮，如图 9-65 所示。

步骤3， 在弹出的界面中填写注册信息，完成申请过程，如图 9-66 所示。

图9-65　单击"注册"按钮

图9-66　个人空间管理界面

步骤4， 单击图 9-66 中的"博客"标签，然后填写相应信息，即可开通个人网上博客，如图 9-67 所示。

图9-67　个人博客主页

步骤5， 整理素材构建自己的个人网络空间，将空间的访问地址告诉你的朋友，让他们来踩你的地盘吧。